建筑界丛书　第二辑

王明贤主编

静谧与喧嚣

Tranquility and Noise

李兴钢 **Li Xinggang**

中国建筑工业出版社

李兴钢，建筑师，工学博士。中国建筑设计院总建筑师、李兴钢建筑工作室主持人。曾获得中国青年科技奖、中国建筑学会青年建筑师奖、亚洲建筑推动奖、THE CHICAGO ATHENUM 国际建筑奖、中国建筑艺术奖；举办作品个展“胜景几何”；参加第 11 届威尼斯国际建筑双年展、德累斯顿“从幻象到现实：活的中国园林”展、伦敦“从北京到伦敦——当代中国建筑”展、卡尔斯鲁厄 / 布拉格“后实验时代的中国地域建筑”展、布鲁塞尔“心造——中国当代建筑的前言”展、深圳城市建筑双年展、“状态”——中国当代青年建筑师作品八人展、北京大声艺术展等重要建筑及艺术展览。

我深信，一定存在一个静谧的世界，既然它的外面是如此喧嚣。

丛书序

世界多极化、经济全球化的总体格局中，中国在发展模式、发展内容、发展任务等方面发生了一系列的变化，中国城市也发生了极其巨大的变化，出现了从未有过的城市与建筑新景观。一批青年建筑师敏锐地意识到一个不同的建筑时代正在开始，抓住当代建筑的新精神，提出建筑实验的主张并付诸行动。他们的工作重心由纯概念转移到概念与建造关系上，并开始了对材料和构造以及结构和节点的实验。同时，在他们的工作中，创作与研究是重叠的，旨在突破理论与实践之间人为的界限。他们的作品使中国当代建筑显示出顽强的生命力，也体现了特殊的魅力。

与整个国家巨大的建设洪流相比，青年建筑师的研究性作品显得有些弱小，然而正是这些作品诠释了当代空间，因此具有新的学术意义。为了反映中国当代建筑这种新趋势，2002年中国建筑工业出版社出版了“贝森文库-建筑界丛书第一辑”，其中包括《平常建筑》（张永和 著）、《工程报告》（崔愷 著）、《设计的开始》（王澍 著）、《此时此地》（刘家琨 著）和《营造乌托邦》（汤桦 著）。“建筑界丛书第一辑”的编辑出版，得到杜坚先生和贝森集团鼎力襄助，贝森集团投资出版的这套丛书，由杜坚先生和我共同担任主编。

又过了13年，建工出版社继续出版“建筑界丛书第二辑”，介绍中国新一代建筑师的代表作，梳理中国当代建筑史的脉络和逻辑，力图呈现中国建筑师的新面貌。我们希望年轻人能喜欢建筑界丛书，也希望这几本小书能在青年建筑师和建筑学子的青春记忆中留下独特的学术印迹。

王明贤

2015年9月

目录

静谧与喧嚣

1960年代末，路易斯·康（Louis I Kahn,1901-1974）将他一直念念不忘的“形式与设计”、“规律与规则”、“信仰与手段”、“存在与表达”转换为一个神秘的公式：“静谧与光明”[①]。前者是“什么”（what），后者是“怎么”（how）。他称尚未存在的、不可度量的事物为静谧，已经存在的、可度量的事物为光明。静谧与光明之间有一道门槛，被他称为“阴影之宝库”，建筑就存在于这个门槛处，是可度量与不可度量之物的结合。建筑师的工作应该始于对不可度量的领悟，经由可度量的手段、工具设计和建造，最后完成的建筑物又能生发出不可度量的气质，将我们带回到最初的领悟之中。在一体化的静谧与光明之上，是秩序（order）。它不只属于已经存在的事物，也属于尚未存在的事物，存在于事物的起源（origins）。这种起源性的事物不仅曾经发生在过去，也时时刻刻发生在现在乃至未来。康以两种方式触及秩序，一种是直接询问，就如著名的“砖，你想成为什么？”；另一种是以自己内在的直觉探寻起源——康所深受影响的布扎教育的核心是一个假说：我们的文化之所以能够稳固，是因为拥有古典基础[②]——最后他从古罗马的遗迹中得到了包含超越时间的秩序的康氏建筑语言。

康的静谧与光明是一种有关于物的思辨性的哲学，在物体之上精心设置的开口引入卓越的光线照亮空间，形成阳光与阴影的画面，明暗交界处即是那个神秘的“门槛”，其原型可说是罗马万神庙。它的不可度量之物是一种由纪念性和神圣感构成的精神性，一种身处教堂类空间中的感动。

谷崎润一郎（Junichiro Tanizaki，1886-1965）在《阴翳礼赞》中赞美日本人崇尚的“阴翳之美”，“美，不存在于物体之中，而存在于物与物产生的阴翳的波纹和明暗之中。夜明珠置于暗处方能放出光彩，宝石曝露于阳光之下则失去魅力，离开阴翳的作用，美就消失。”这位日本唯美派作家强调的是一种由视觉观感而入人心的“类物”之“美”，至此为止。

日本的“侘寂”美学，强调自然、朴实、空寂之美，亦是针对物或类物（人、自然风物或社会世相）之物，感物生情，“物心合一”。

我定义的“静谧与喧嚣”，则是一种空间性的营造，是外部与内部、外界与内心，总之是“外”

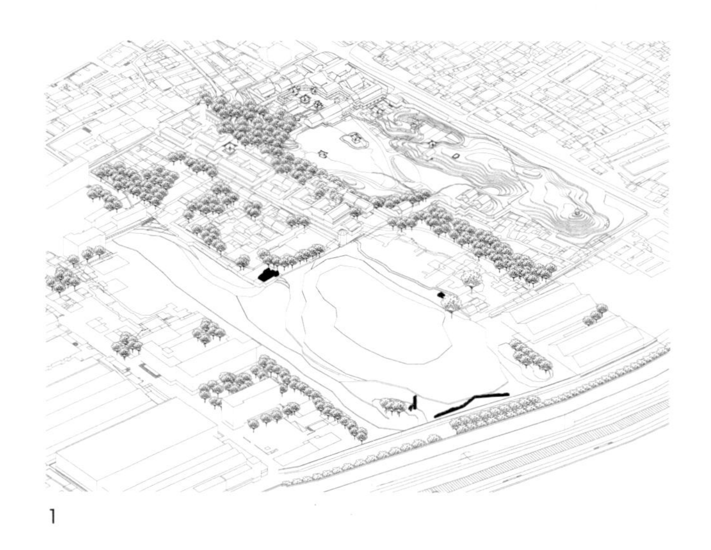

1

与“内”的关系，由外至内，营造出一个具有象征性的场所。它所带给人的，非是纪念性和神圣感，而是由深远延伸的空间感，转化为生命体悟的精神性，只有经历这样的过程、在这样的空间中才可体验，既是物质的、身体的体验，也是精神的、内心的感悟。此“内外”，既是空间的内外，更是心境的内外；而此“空间”，也早已不是通常所说的建筑中的狭义“空间”。

因此，我心中的“静谧”，不同于接近不可言说的哲学性描述，它是一个包含可度量与不可度量之物的完整世界；是以空间的方式，引导人进入会神的凝视思考与宁静的自我存在；最重要的是，它不再只关注于物，而是将自然容纳，并成为这个特殊“空间”不可分割的组成部分，一个自然与人工共存交互的世界。

它犹如《桃花源记》的描述，山重水复、蜿蜒曲折、柳暗花明之中，人被引导进入一处充满诗意、令人神往的胜景之中。(图 1)

当我们凝视或者置身于那些由阴影所围合的空间，丰富、暧昧、神秘，明暗俱存，是一种静谧的诗意之所在。

然而静谧世界的获得其实离不开外界的喧嚣，有外才有内，内因外而存，外因内而在，内外相反而相成，世界因这样的对仗而呈现。

那么这样的世界将具体如何（how）被营造呢？

在《胜景几何》中，我提及“胜景”（Poetic Scene）③是自然性和精神性的，营造“胜景”的要素是人、景、界面，以及叙事和隔离物[④]。

人，在建筑和自然构成的整体空间中，由动观而静观，由外观而内观，由日常生活而精神关照，由视物而入神：因景物的深远意象而达致对宇宙和自身的化悟。人，在这里既是使用者和体验者，如同空间的观众和读者；又是设计者，如同空间的导演和作家。人，即“我”。

景，是被观察的对象物，动态或静态的观照对象。可以是自然山水，也可是人工造物，甚至是平常无趣的现实场景，要点是与自然元素的密切关联，并被人工的界面诱导、捕获与裁切，是人工与自然媾和之物。胜景，即是最具画意之组合——出人意料而又深远不尽之景。胜景必是静态之景。海德格尔在“…Poetically man dwells…”中说，“景的诗性表达将神圣表象的光亮与声响，以及陌生之物的黑暗与沉默汇聚在一体之中。”[⑤]

界面，则犹如画之“画框”，亦即心之“心窗”，使人意识到画面的存在，将自己（观画者）间离成为我与自然宇宙之间的第三者，达致内外兼观，通过感受空间世界而体悟生命与自我。所谓“眼前有景”，是因界出境，以有限营造无限，因此界面至关重要。

叙事，是动态的观照过程，寻觅精神的可持久停驻之地，经由起点—絮语—高潮—体悟的过程，在对景物的暗示 / 透露 / “前戏”中不觉进入高潮——过滤外部的喧嚣而达致静谧的境界。叙事创造并强化了由外部喧嚣抵达内部静谧之间的过程、期待感和戏剧感。

隔离物，制造人与景之间的距离感，犹如画中的水、云雾和植物，形成留白、层次和张力，使距离可见，获得深远不尽的意象。

而人工性和物质性的“几何”(Integrated Geometry)[③]操作的目的(空间、结构、形式、材料、构造、光线等)，是通过空间的筹划布局和位置经营，即制造“叙事”，引人入胜。最重要的是制造出形成“胜景”的界面和观察点，几何不是为了制造喧嚣，而是精心布局，引导路径，形成界面，捕获、容纳、安放自然，终是为了滤绝喧嚣，营造那一个静谧世界。所以界面的纯净性和整体性很重要，作为工具和手段的几何可趋向消隐，更加有助于形成静谧的空间感，获得“不可度量”的诗意和气质境界。隔离物的利用，也在这一空间化的组织之中。甚至景中的人工造物，也需要几何的运用。

在这里，中国园林是最具启发性和标本性的模型。童寯（1900-1983）先生在《江南园林志》中高度概括了造园的要素、手法和境界。其要素：围墙、屋宇亭榭、水池、山石树木——犹如“園”字；其手法：虚实互映、大小对比、高下相称——方得园之妙；其三境界：疏密得宜，曲折尽致，眼前有景。[⑥]

由围墙（亦是一种界面）圈出（界定）的自在小世界，隔离了外界的喧嚣，营造出内在的静谧。其中人工与自然元素相组互成。明暗、虚实、大小、高下，疏密、曲折，经之营之，引人入胜，获得静谧。静谧，因此成为一种具有空间性的“不可度量”的诗意境界。

需要强调的是，这样的诗意胜景并非只有中国或东方的文化所独享，它应是超越文化、地域与时代的，可为人类所共同感知和营造的。

路易斯·巴拉干（Luis Barragan，1902-1988）说：“我总是试图创造一种内在的寂静……在一座美丽的园林中，神圣的自然无处不在，由于自然被缩减到适宜人体的尺度，它便成为抵御现代生活侵蚀的庇护所……显然，一座园林应将诗意、神秘与平静、愉悦融为一体……我们用以围绕一座完美的花园的——无论其大小——应当是整个宇宙。”巴拉干也提到影响他的斐迪南·贝克（Ferdinand Bac，1859-1952）的话，园林的灵魂在于它按照人的意愿庇护着最大限度的宁静……在这个很小的领域内，通过创造一处可以充满安宁之愉悦的场所，使这种以物质表达情绪的渴望，与那些寻求同自然相联结的人们共通。⑦

在康的萨尔克生物研究所，经过巴拉干的指点，那夹持在两侧建筑之间的一条中心水道穿过、直通向太平洋的“石头广场”令人动容，在这里，大海和天空、落日成为建筑及其空间中的不可或缺之物，它们共同营造出无可度量的胜景。

印度洋上小小岛国斯里兰卡的杰弗里·巴瓦（Geoffrey Bawa，1919-2003），在他的建筑和园林中所营造的那一个个大小世界，人造物和自然物像恋爱的男女，无分主次、相异相融。具有叙事性的路径营造和强化了核心空间中由水面、植物、山石和建筑构件乃至人的活动所共同组合的静谧风景。只有在现场亲身体验，才感受得到那种介于尘俗与雅意之间的动人诗意。

在所有这些诗意胜景的营造中，人工与自然互动圆融的关系都是最为重要与关键的主题。这里的“自然”，正如青锋在《胜景几何与诗意》中的发问：究竟是“斜风细雨云开雾散”的自然，或是“物竞天择适者生存”的自然，还是自然科学所分析的那个“实证自然”？⑧我想，它应该既是山川树木天空大海的那个自然，也是风云雨雾阴晴圆缺的那个自然，又是舒适便宜自然而然的那个自然。而人工，就是跟这些“自然”相对应的那些个“人工”。

人文地理学家段义孚（Yi-Fu Tuan，1930- ）在《人工制品的意义》（The Significance of the Artifact）中写道，“人工制品（artifact）指的是需要运用记忆、调动知识及实践而制成的事物——可以是一首诗，一把斧头，或是一所房子。”他说，人工制品的深远意义需要被放置在关于人类生命之意义及其价值的问题背景之中，生命的身体经历渴望和满足，紧张和放松而产生的简单而又深远的愉悦或痛苦体验，需要被具象化，被赋予一个叙事化的轮廓或视觉化的形态，以获得可见性、客观性和对抗时间的持久性；……并且，这也是一种对人身体之外的自然（nature）荒原的“恐惧”之下的改造和控制，给予能够满足人类物质和精神需求的秩序，以缓和自然、人心和行动的变幻莫测；……用天然材料制作的东西让人感到平静，木和陶土象征着远古的自然的平静，而铝合金和塑料则一直提醒着我们人类忙碌不停的心，……但也可以引起兴奋和快乐，激发我们的思考[⑨]。

由此可见人工与生命、与自然、与精神世界的密不可分的关联和意义。段说，“空间也可以被转化为人工制品——一座村庄或是城市”[⑨]。那么当然也可以是一处园林，或者我所描绘和向往营造的“胜景世界”。

我们的工作跨越如此广泛的地域，技术、社会、经济、文化条件如此多样，希望能寻求到一种既能根植于特定场所特征和具体条件，又能在形而上的层面具有宏观引领性、超越时间与地域的立场和策略，还要有相对稳定的工具、手段乃至语言，才能不断累积经验，凸显即时即地的思想和表达，总能够同时指向现实和理想，以及人类的关切。

那么在以上的思考语境之下，究竟何者(what)以及如何（how）才是最为合适的“可度量之物”呢？让我们“前进到起源”，这是刘家琨的话，其实也是康的。

古人咏画山水者，莫不游历雄山大川，藏画意诗情于心胸，返家而闭门咏诗作画造园也。亲临真实山水的一手感受更具有本质性，才能真正理解那些画中的笔墨皴法、园中的模山范水，真正体会那些义理、构造、山形、水势、意境和诗意的原点和来源。几乎所有的中国山水画中，都有这三个要素：人（行者、雅士）、房子（坡顶草庐）、山（水）。它们构成被欣赏的景，一景一世界，每一幅山水都是一个包含“行、望、居、游”理想生活模式的完整缩微世界。

所“望”者，山也，对象物，景也。

所“居”者，房也，界面也。

“行游”者，叙事也。

启示来自起源。在过去、现在及未来的工作中，要而言之，我持续关注并营造两样几乎在任何现实条件下都可作为原型存在的东西：“房”与“山”。由“人与景”到“房与山”。房，代表人工之物，山，代表自然之物，两者都是可度量之物，两者在空间中的互动相成，将人导向不可度量的静谧胜景之界。

2

3

那么，什么样的“房”？什么样的“山”？——如何使“可度量之物”既清晰可控并进行人工化的操作，又兼具模糊暧昧乃至于矛盾费解，从而能更精确地表达“不可度量之物”？

“房”：单元性或整体性结构之下，具有自然感的人工建筑，庇护、容纳人的日常生活。

坡顶或者类坡顶建筑可作为重点的研究和实践对象，除了其形式、空间及结构本身的丰富特性及可能性之外，因其屋面及结构可作为近景（roof-scape，structure-scape）或者界面，形成深远的空间层次，引导出“自然”为主题对象物的胜景，在俯瞰仰观之间，天然地携带着超越时间和地域的文化基因。它们作为人造物，同时具有一种“自然性”，就像木和陶土一样，“象征着远古的自然的平静”，可以自造成景。（图 2、3）

“山”：首先是真实的自然水山，其次是凿池堆叠的“假水假山”，最后是人工构造的模拟自然之物，但都具有“空间性”的特征，并显现出从可行望的人工景物到可居游的建筑乃至超级城市，或者景物与建筑两者的综合体等多样的可能性。

或者营“山”，或者造“房”。无论山与房，都须提供纯自然元素（诸如土、木、草、苔、石、水）存留与生长蔓延的位置与空间，山水土木和建筑构件都是空间的必要组成要素，理想中的山房最终

4

一体，超越自然之物，成为半自然半人工的世界。例如斯里兰卡丹布拉的几处异景：造在狮子岩平台之上的宫殿，巨大岩壁之下的石窟寺以及巴瓦的杰出作品——建筑与山林一体的坎达拉玛酒店。

“房”的平面、屋面——水平界面，立面、剖面——垂直界面，结构、透视（狭缝、管道、压檐等）——空间界面，及三者的组合，都可形成引导与捕获景的界面。甚至可以像巴瓦在他的卢努甘卡庄园那样，将一个人造之物（大陶水罐）点入自然之景，也可算是一种特殊的点状界面。

“山”的对景、借景与造景——或者因借已存的自然之景，或者自造一个模拟自然之景，这是基于两种不同现实条件的空间景象构造。

“房”与“山”——亦即界面一景的不断形成和序列转换，可大可小，组合变化，形成连续的叙事过程，最终抵达静谧而悠远的时空胜景。（图 4）

“房”与“山”所构成的原型及其组合，可以涵盖从城市、聚落、住居、建筑，园庭乃至高层和覆土建筑等近乎全面的类型。不同的几何 / 结构 / 形式 / 功能，大、小不同的基本单体，可以形成系统化、规模化的定制和营造，聚合而成满足不同生活需求的一个个完整世界。

几何与胜景的构造和经营中，身在“空间”之中间离的“我”无极变化，其对应的“世界”也可大可小——小至丝毫发际，大至形势宇宙。意味着不同级别类型上的尺度控制：摆件 / 盆景、室内、房屋 / 庭院、群组 / 园林、聚落、城市 / 山水。或许可以引入一种“新模度”，如变化的模数网格，或类似“势之千尺、形之百尺、丈、尺、材、度、寸、分、厘、丝、毫”——随空间而不断变化的尺度系列。这也将同时意味着一种对视野景象的尺度化营造和控制。景有近、中、远者，制造出空间的层次。而中国山水中的“三远”则实质是不同尺度与站点的空间：高远，应是身体空间；深远，则是群体空间；平远，可称得上是宇宙空间，是空间和景象的最高潮，是最为深远不尽的胜景空间。

无论如何，这一系列化的尺度经营都是与体验者的身体参与和意念想象密切关联的。这个“新模度”的几何成为“身体几何”，即“主观”的几何，而非上帝的客观几何。当然，这样“新模度”的模度系统亦应高度地融合渗透到与建筑的场地、空间、结构、形式乃至建造的种种关系之中。

这本小册，承蒙明贤老师邀约和鼓励，使我有机会梳理自学习和从事建筑以来的诸多思考和实践。对建筑的认识和感悟路径其实有迹可循——源于自身的经历和“思想资源”。在我迄今的工作中大致可有两个方面的线索：一是在当代建筑中对传统之呈现可能性的兴趣。这些传统包括较早期感兴趣的中国建筑和城市营造体系，也包括最近若干年逐渐投入研究精力的园林和聚落，而我的心得是中国的城市、聚落、园林有着共通的线索，核心是如何确定人工的造物即建筑与不可或缺的自然的关系，以及人在其中如何拥有物质的和精神的生活。这一线索倾向于形而上的，更加靠近人的思想和身体，以及精神体验；二是对建筑中几何和结构的兴趣。由结构、空间、形式按照某种特定的、朴素而简明清晰的几何逻辑相互作用和转化的关系。这一线索倾向于形而下的，更加靠近建筑的本体和构造。

由城市、建筑到园林、聚落，由“复合的城市与建筑”到“建筑的发现与呈现”，由“喧嚣与静谧”到“几何与胜景”，其实一脉相承，凝炼于当下的思考与实践的方向和路径；由中国及东方的传统入门，而进入到一种关照人类生活空间营造的语境。

所谓的东方哲学，其实是要解决人的精神问题。中国和西方并不是站在地球的两极、文化的两极，它们虽然可能有着相当多的差异，但并不是非此即彼的关系。康的“秩序”即是老子的“道”，是深刻的存在，是“不可度量”，是身处静谧空间才可体悟的精神。

所以在现在的心境与思考中，我并不想着意强调中国与传统，而是倾向思考普适的人性和当代，比如捕捉和思辨个人阅历中所感知到的、碰触到自己内心的那些东西，并推己及人。这些东西有些的确可能是中国的文化和传统里所特有的，而有些我相信是不同的文化和时代所共有的，它们都属于人类和共同的人性，可以超越地域和时代。

当下的城市和建筑世界，无论话语、文本和实物，多元、丰富，也嘈杂、喧闹，却总有一些人和他们的创作令人沉静、感动、神往。

我深信，一定存在一个静谧的世界，既然它的外面是如此喧嚣。

2015 年 4 月于北京

注释:

① [美]戴维·I·布朗宁 戴维·G·德·龙 著，马琴译，路易斯·I·康：在建筑的王国中，中国建筑工业出版社，2004，p.204

② [美]约翰·罗贝尔（Lobell·J）著，成寒译，静谧与光明：路易斯·康的建筑精神，清华大学出版社，2010，p.74

③ “胜景几何”，原译为“Geometry and Sheng Jing”（见李兴钢，胜景几何，城市 / 环境 / 设计 (UED)，2014，第 1 期），其中“胜景”之意，实难寻找到对应的英文词，便姑且以汉语拼音代替，犹如“Feng Shui”之于“风水”。后 2014 年 10 月应邀在香港国际会议演讲，再次遇到如何向外国人士传达“胜景几何”之意，在港大高岩兄的助力下译为“Poetic Scene（胜景） and Integrated Geometry（几何）”，略可表达本意

④ 李兴钢，胜景几何，城市·环境·设计 (UED)，2014，第 1 期（总 079 期），p.43-44

⑤ 青锋，胜景几何与诗意，设计与研究 (DR)，2014 年 6 月（总 034 期），p.61

⑥ 童寯，江南园林志（第二版），中国建筑工业出版社，1984， p.7-8

⑦ 笔者译自路易斯·巴拉干获 1980 年普利茨克奖颁奖仪式上的演讲，Luis Barragan，Acceptance Speech of the Prizker Architecture Prize，1980，Laureate， www.pritzkerprize.cn

⑧ 青锋，胜景几何与诗意，设计与研究 (DR)，2014 年 6 月（总 034 期），p.61

⑨ 段义孚（Yi-Fu Tuan，1930-，美籍华裔地理学家），黄安琪译，Yi-Fu Tuan:The Significance of the Artifact，原载于 Geographical Review, Volume 70, Issue4(Oct.,1980)，462-472，译文来自网络平台“集 BeinGeneration”

复合的建筑与城市

直到今天，我仍然会不断想起和提及1990年来北京参观故宫的经历。由北面的景山爬到山顶的万春亭上，几乎是瞬间看到那一大片仿佛在无限延展的屋顶，和屋顶之间无数墙体、庭院、植物共同构成的恢弘空间，它们所带来的城市和建筑的强大意象对心灵的撞击，在那一刻让我突然留下眼泪。从此刻开始，我意识到中国传统城市与建筑营造体系的伟大与独特和如此强大的生命力与感染力。

在这里我将"城市"与"建筑"这两个词作为两个抽象概念，而非通常所理解的具体的建筑与城市。

在中国的传统中，城市是放大的建筑，建筑是缩小的城市。一幢小住宅，一个四合院，也可以看作是一个小小的城市；整个紫禁城乃至整个北京城，也可看作是一个庞大的建筑。所以，建筑中包含着"建筑"与"城市"。建筑是"城市"与"建筑"的统一体，或者说建筑可以是"建筑"，也可以是"城市"。

中国人如此擅长此道：在（一个）建筑中同时融入"建筑"与"城市"的概念：一间房也可通过家具陈设的布置和变化而使起坐、卧、居、游一应俱全；只要他们愿意，紫禁城既可以扩展到现代北京城的巨大范围，也可缩小到一个小小四合院。亦即所谓的"城市"与"建筑"具有平面、空间布局的同构性。

"建筑"通常有其室内与室外空间之分，正是其室外空间和形式形成了"城市"空间，也就是说"建筑"的室外就是"城市"的室内，我们在塑造"建筑"的同时，也就形成了"城市"。人们往往会关注建筑的室内空间，因为它是一个家庭或企业、团体生活工作之所在；人们同时也越来越关注建筑的室外空间与形式，因为众多的"建筑"外空间、形式形成了"城市"内空间，而这是容纳所有城市居民在这个大家庭中的生活之所在。

也许并不恰当：我把这种"城市"与"建筑"你中有我，我中有你的现象称作"城市"与"建筑"的复合性。

中国建筑的特点之一在于它的特别简化、单一的建筑个体空间和特别丰富多彩的建筑室外空间与形式——亦即"城市"（建筑群体）的"室内"空间。

中国传统建筑群基本上是一组或多组建筑围绕一个或几个中心空间构成，即所谓层层深入的院落空间组合，这种方式延续了几千年。其单体建筑是以"间"作为度量单位，"间"具有平面的重复性与通用性的特征；对于建筑群，则用"院"来作为度量单位，无院不成群。

同样是院落式组合的日本建筑具有趋向自由灵活、有机自然的特点 [或许我们可以从深受日本建筑影响的赖特（Frank Lloyd Wright，1867-1959）的草原式住宅可以体味到这一点]，但是从某种

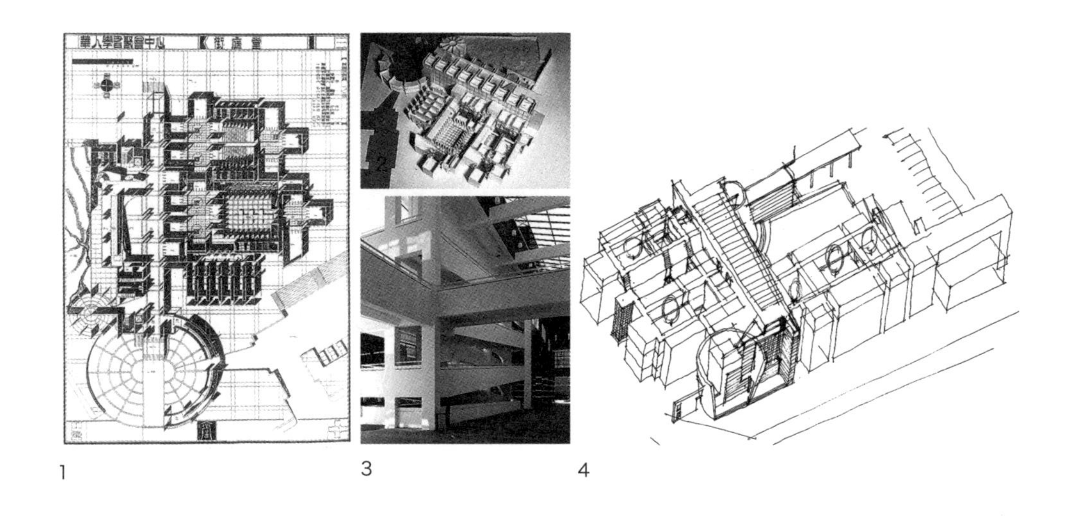

程度上来讲，日本建筑的庭院与建筑之间，在设计上是相对脱离的，是观赏与被观赏的关系。

中国的庭院式建筑则具有更为不同的特征，它们的灵魂空间是“庭”和“堂”。庭院与建筑之间有着深刻的不可分离的互相依存的关系。“堂”的空间特征是三面围合、一面开敞，这开敞的一面就是敞向“庭”，所谓“堂前有庭”。“堂一庭”空间反映了中国人天人合一的自然观与传统文化价值观的深深融合，所谓“有堂的地方，就有中国文化的孕育；有庭的地方，就有中国空间的风流”[①]。“堂一庭”形成庭院，街道——这一线型空间把一个个合院串通起来，一条条街区纵横交织形成格网，便是典型的中国城市。总体上传统中国人的日常生活是趋于内向的，主要在自己的“庭—堂”空间中进行，因此中国的城市中很少形成西方式的市民广场这一空间类型。

上述文字思考于二十多年前的大学时代，记述并发表于2000年左右。[②]

早在我的本科毕业设计“华人学者聚会中心”（1991，图1、2）中，探讨了“街一庭一堂”这一中国古典城市建筑中具有原型意义的空间模型，并试图以现代建筑语言再现这一系列化的空间关系。

“街”：“街厅”是建筑中具有最强的公共性和多义性的空间，可以容纳最为丰富的人的活动（表演、聚会、展览等），并具有多样的建筑空间构成要素（台阶、坡道、平台、桥廊），顶部大面积天窗以及由此而来的天空和光线强化了“街”的空间特征，暗示着“街道”的存在，而坡道则是上升的“街道”。

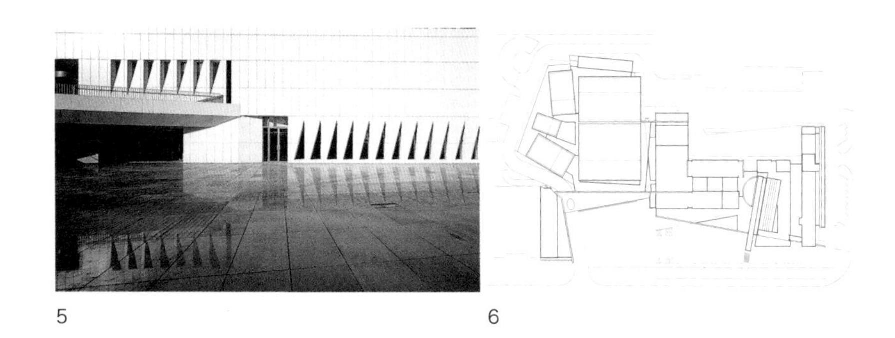

5　　6

“庭－堂”：“街厅”两侧联系着几组“合院”以及由此形成的各种各样的、不同高度的、开敞、半开敞以至封闭的庭院空间，同时“庭”、“堂”空间也由古典的平面组成关系向垂直方向发展；建筑外立面好像是一个个独立的矩形体块水平、垂直组合而成，体块的透明与封闭的变化反映着其内部“庭”空间的变化生成情况，甚至有的体块被抽空，形成了可以窥见建筑内部的平台。合院中安排了建筑的各种主要使用功能。

“间”——矩形体块的这种重复性实际上隐含了中国古典建筑的基本组合单位——“间”的特征，“间”的另一个特征是通用性，可以容纳似乎无所不包的功能，并且可以在建筑结构、空间、体型不变的条件下进行功能的调整与互换。

从实际的效果来看，“街厅”更象西方式的，构图与造型更具有跳跃感和现代感，而“合院”们则更是中国式的，给人静谧安祥的感受。穿越在其中的纵横交错的一道道“游廊”，也像北京城市中特有的“胡同”，纷繁往复，给这个不大的建筑增加了城市般的丰富感，又带来了城市必需的秩序感。它 是一个建筑，但它更具有城市的特征，或者说，它便是一个“建筑化的城市”。

值得回味的是，我在“街厅”的一侧，也即当年模仿的“迈耶式坡道”一侧，设计了一个有山坡的花园，似乎在暗示十几年后，我的兴趣由中国的城市和庭院建筑转向园林。

在城市和建筑的复合性思考下，毕业设计的构思体现于我最初的实践中，早期的项目有北京兴涛学校（1996-1998，图 3）和兴涛会馆（1999-2000，图 4）（施工图设计已完成但未建成），之后的实施项目北京大兴区文化中心（2001-2006，图 5、6）仍然延续了“矩阵式合院组合”的思路，但由于其分期建设和功能构成的复杂性，这个建筑所呈现的状态更加接近一个逐步生成、秩序与变化相混杂的微缩城市，并且通过外部重点公共空间的处理，与现实的城市空间及人们的活动发生了切

7

8

9

实而有效的关联。

在与“场域建筑”合作设计的中国海关博物馆（2007-2013，图7、8）中，我使用了一种具有通用性和重复性的空间单元体，不断组合而形成带有某种群体或城市感的空间和建筑形态，可以视为一种立体的“间”的语言。

另有两个对我来说非常重要、但未能实现的设计，也是基于“城市与建筑的复合性”的思考。湖北省艺术馆竞赛方案（2003，图9）采用了以弯折贯通的内街所联结的几个庭院来组织和进入不同功能空间的方式，因而具有一种“城市”的特征，而其外部形态则呈现为一个整体完型的建筑体量和连续的临街界面，实现对基地有力的控制，并结合功能、空间、形态、肌理和色彩的过渡和渐变，表达一种称之为“楚器 ”的、具有当代性的建筑物体感。中国国学中心国际竞赛方案（2010-2011，图10），则在内部空间中沿着中轴逐渐抬升的步道，设置四组具有礼仪性和文化含义的序列化“中庭”空间，串联组合各项功能，而外部则也是呈现出完型而自由的形态，表达其当代性和建筑的单体性特征。国学中心的第二轮竞赛方案（2011，图11）在此基础上，更加强化了中国传统城市空间营造的原则——“礼乐相成”，强调一种秩序与自由、等级规范与自然欲望的互动相成。

重要但未建成的设计中，还有一个是中国建筑设计研究院新楼（创新科研示范中心）竞赛方案（2011，图12），这个设计在严苛的日照计算得到的极限体量条件下，以群组化的方式，形成了“都市聚落缩微模型”的形态空间意象。建筑由不同高度、样态的建筑单体和庭院、平台、运动场地组合于一个浮起的“模型底盘”之上，是一种当代版的城市与建筑的复合体；表现建筑施工图剖面详

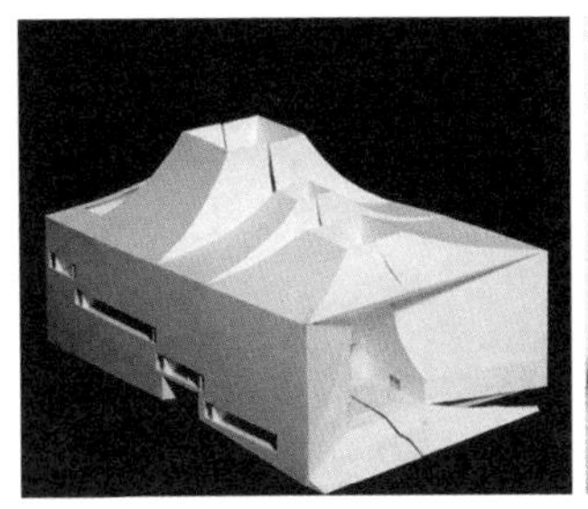
10

11

12

图的“剖面式”立面设计，展示建筑物本身的构成逻辑和丰富的内部活动，同时也以上述种种方式表达出建筑设计者的工作内容和职业特征。

最近完工的商丘博物馆（2008-2015，p18），是较完整体现“复合的城市与建筑”的建成项目。现存良好的归德古城——典型黄泛区古城的型制特征，被转化和再现为商丘博物馆的建筑布局、空间序列和形态语言，上下叠层的建筑主体也喻示了考古学中的“城压城”埋层结构，使得这个设计成为一个“微缩城市”式的建筑。城堤、城墙、城桥、城门、十字街道、台地水面，都有建筑化的特定空间与处理手法相对应，并如同有效运作的城市一样，统合为有机合理的整体。

总之，复合的城市与建筑这一思想，在我心中始终存在，并不时表现于不同状况下的实践。虽然有一段时间我的兴趣转向园林和聚落，但最后我发现，城市、建筑、园林、聚落不过是中国传统营造体系的不同方面与不同方式的存在和呈现，它们基于相同的哲学、生活和思想。也即对建筑与自然更为紧密互动、相互依存、共生共长的关系的格外关注，一种与特定人群的生活理想密切关联的状态的营造。

注释:

① [中国台湾] 王镇华，《中国建筑备忘录》，P.113

② 原文最初以《“城市”与“建筑”——兼介北京兴涛学校》为题发表于《建筑学报》，1999 年 12 期，后以《“城市化”的建筑——北京兴涛会馆》为题发表于《世界建筑》，2012 年 01 期（总 139 期），文字及插图有删改

商丘博物馆

河南商丘，2008-2015

摄影：夏至　黄源

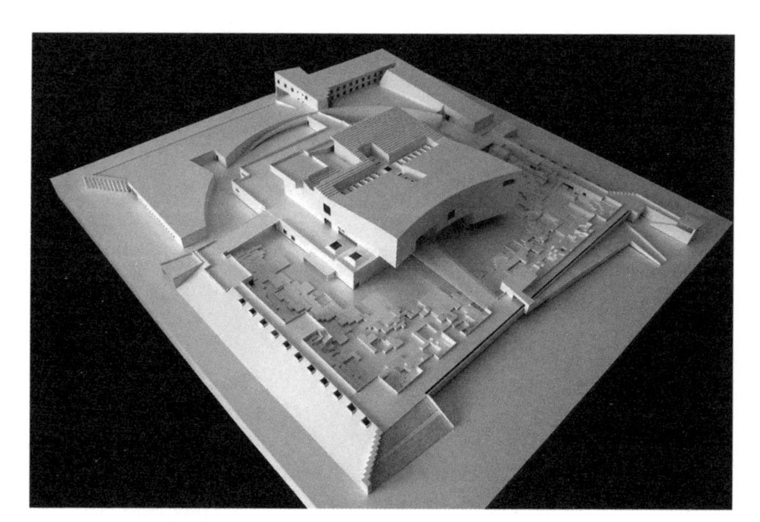

总体模型（西南鸟瞰）

总体模型（东南鸟瞰）

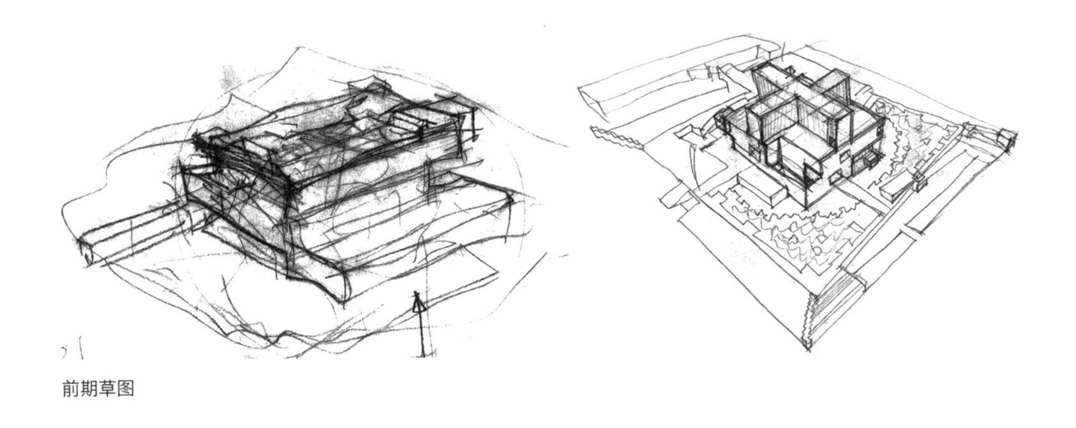

前期草图

商丘位于海河平原和淮河平原之间的黄河冲积平原，地势低平。黄泛平原的古城镇长久以来形成了居高筑台、城墙护堤、蓄水坑塘的洪涝适应性景观，城市内部与周边伴生有大面积的水体，古城个个堪称“水城”。又由于黄河经常性的泛滥与退却，不断留下泥沙，被动性依次垫高城外与堤外地平，“滨河郡邑护城堤外之地渐淤高平，自堤下视城中如井然”（[明]河官刘天和）。商丘城内至今保存完好的归德古城就是黄泛平原古城的典型实例，同时由于商丘历史悠久，考古发掘发现频出，而多样的文化地层逐代埋藏，形成地上地下“城压城”的结构，归德古城也有“城上城”的称号。

商丘博物馆位于商丘西南城市新区，收藏、陈列和展示商丘的历代文物、城市沿革和中国商文化历史。博物馆主体由三层上下叠加的展厅组成，周围环以水面和庭院，水面和庭院之外是层层叠落的台地绿植和其外围高起的堤台（下面设室外展廊），文物、业务和办公用房组成L形体量，设置于西北角堤台之上。设南北东西四门，主入口设在南门，其它三门各有贵宾、临展、办公等用途。

博物馆的整体布局和空间序列是对商丘归德古城为代表的黄泛古城池典型形制和特征的呼应和再现，博物馆犹如一座微缩的古城。上下叠层的建筑主体喻示“城压城”的古城考古埋层结构，也体现自下而上、由古至今的陈列布局。

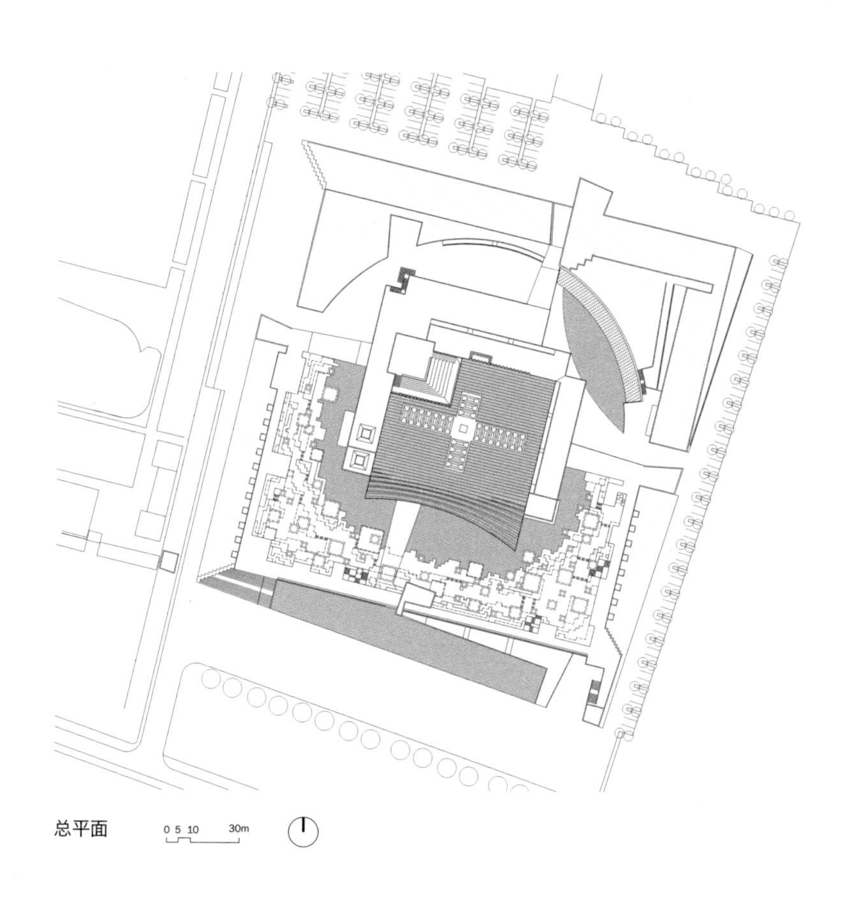

总平面 0 5 10 30m

东南鸟瞰

北侧鸟瞰

南侧正视

南广场水池

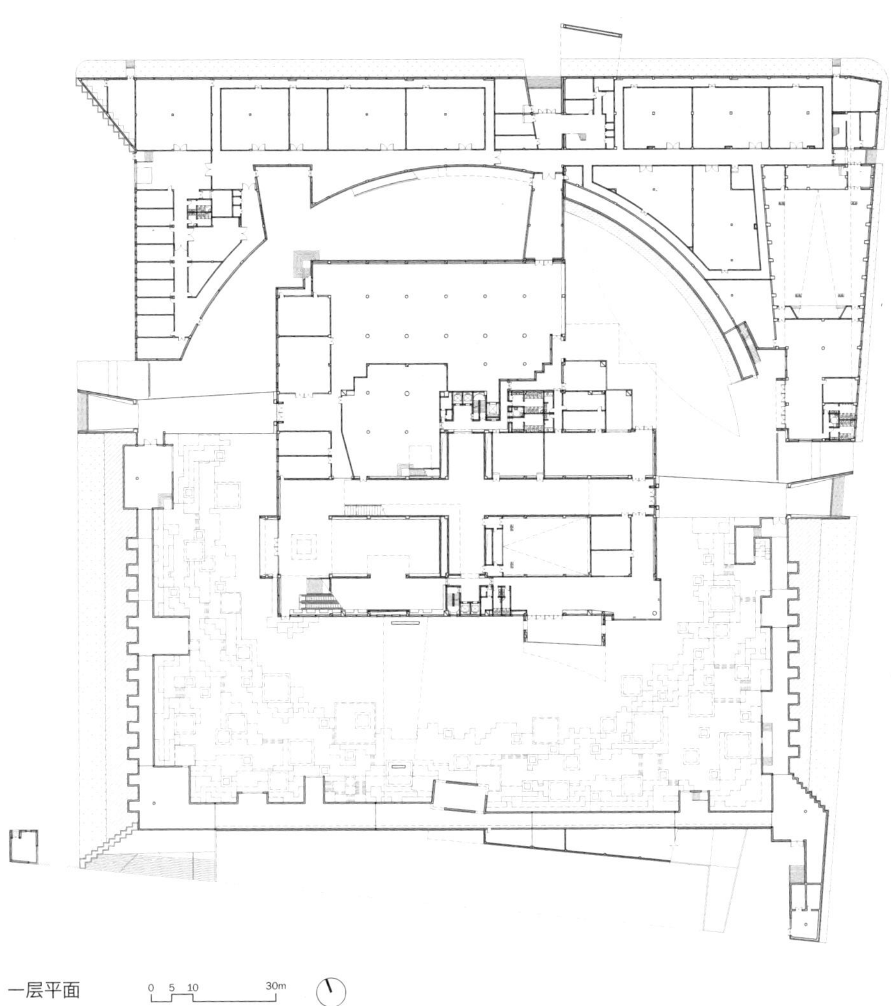

一层平面

南侧堤台、下沉庭院和入口引桥

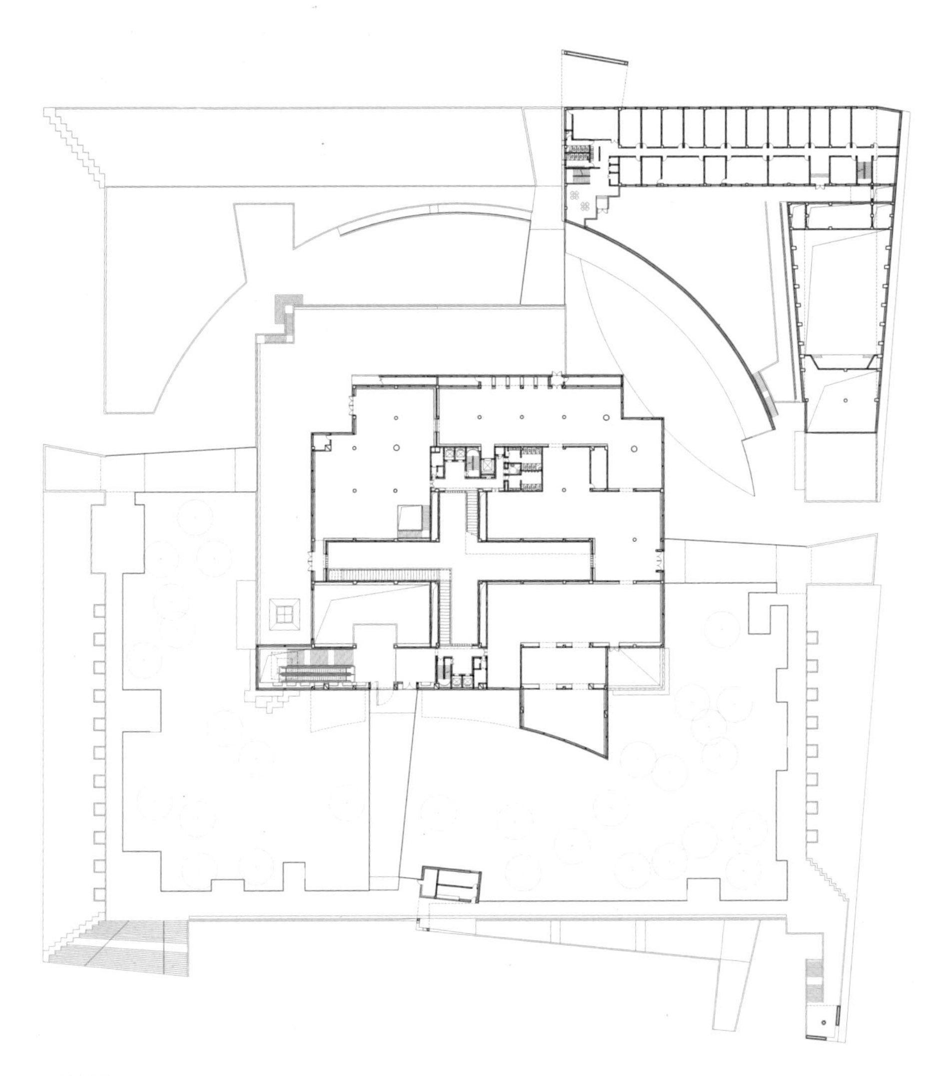

二层平面

南侧水池

序言厅下沉式景观台地

入口门厅

主楼梯

序言厅

序言厅

十字中庭

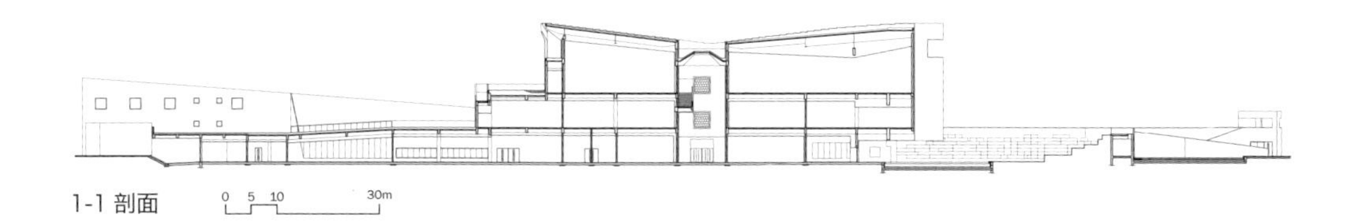

1-1 剖面

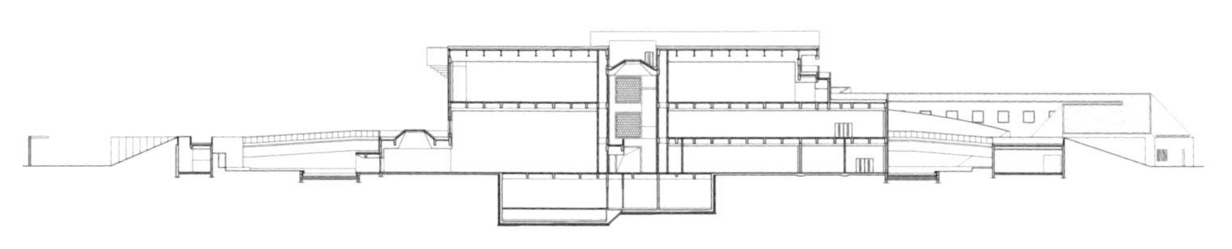

2-2 剖面

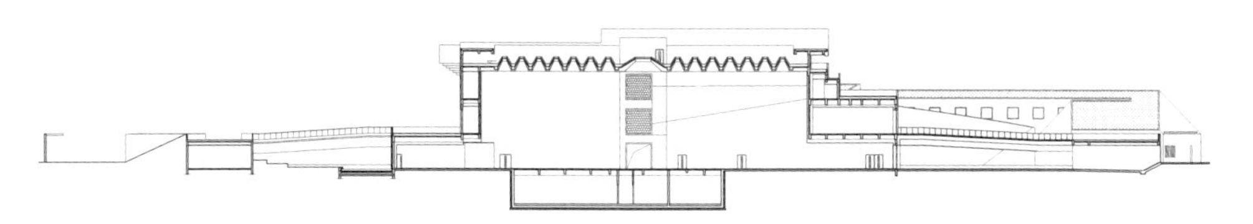

3-3 剖面

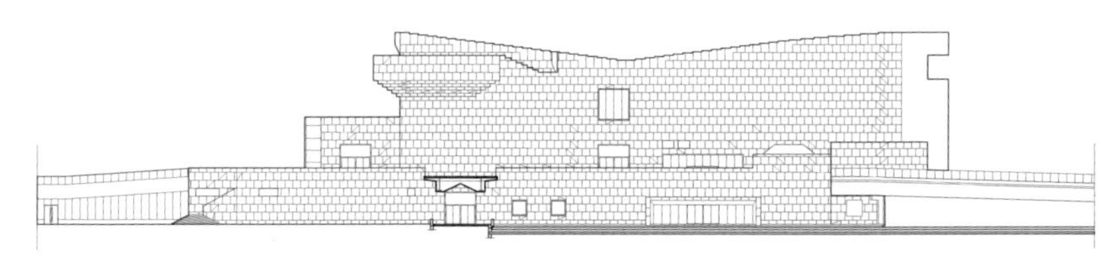

西立面　0 2 5 10m

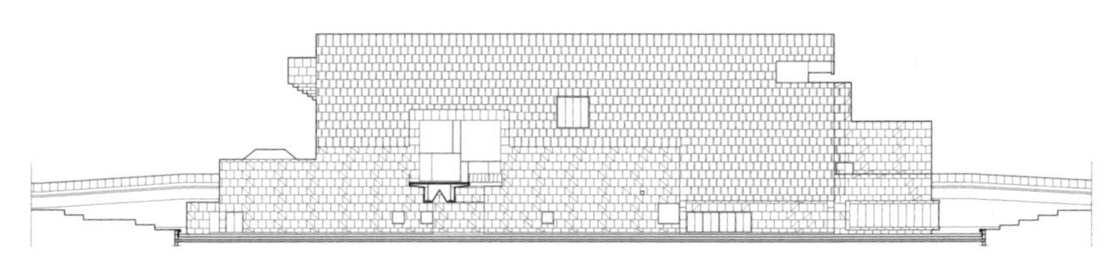

南立面

参观者由面向阏伯路的大台阶和坡道登临堤台，沿南面引桥凌水而由中部序言厅入“城”，自下而上，沿中央十字大厅（喻城中十字主街）中的坡道陆续参观各个展厅，最后到达屋顶平台，可由建筑主体各角眺望台，与不同方向的著名古迹——阏伯台、归德古城、隋唐大运河码头遗址等遥遥相望，怀古思今。

周围下沉式的景观台地是对文物现场发掘的模拟，使得建筑主体犹如被发掘出来。古象形文“商”字的涵义是“高台上的子姓族人”，博物馆所形成的层层高起的堤岸、平台和其上的参观者组合成为“高台上的子姓族人”意象，再现“商”字的古老渊源，也将历史和现在联为一体。

博物馆大量采用了一种廉价的“鲁灰”石材，作为建筑内外空间的主要界面材料，但受到博物馆汉画像石藏品的启发，每块石材均作了磨切外边 + 中间烧毛的处理，错缝拼挂，使细节显得考究。在室内加入了树脂实木面板材，与石材采用统一的 100cm×50cm 的基本规格，增强了室内空间的温暖和舒适感。

临时展廊

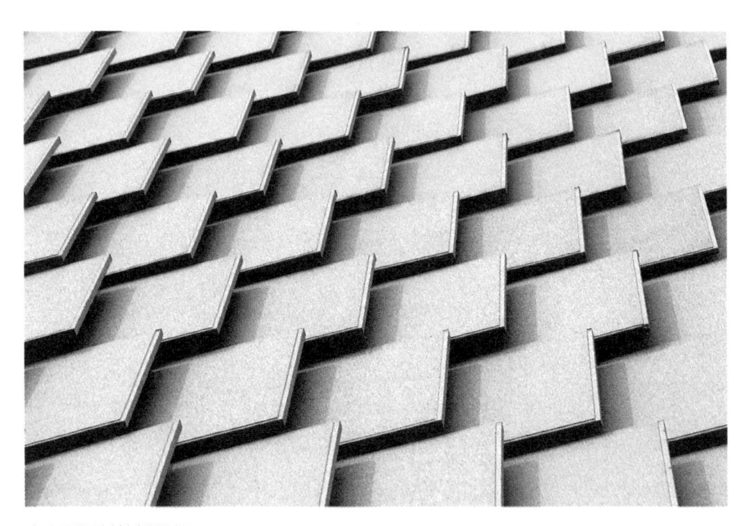

南立面石材挂板局部

建筑的发现与呈现

对我而言，建筑的神秘在于它早已存在那里，按照使用者的自然天性和建筑自身的朴素逻辑。而所谓设计只不过是在分析了种种给定的条件和多样的可能性后，寻找到那几乎唯一完美的答案。当然，寻找的过程和表达的方式自然带有因人而异的倾向或痕迹，比如，我是一个如此这般的中国人。

在学习和从事建筑 18 年后，我写下以上的心得。2004 年，天津大学建筑学院邀我做一次讲座，主题叫做“发现建筑”，我以此作为毕业后向母校和老师的工作报告。我的讲座是由四川三星堆遗址博物馆收藏的四件商代玉器（图 1）开始的：第一件玉璞、第二件玉戚形璧、第三件玉戚形珮、第四件环形玉璧。如果把第一件璞玉看成这四件玉器的“前身”，可以想象这样的故事和情景：第四个工匠将璞玉雕琢成一个完美的环形，并将玉石的自然纹理呈现于玉璧表面；第三个工匠顺应璞玉原有的形状和肌理进行适度的加工，得到一件呈盾形对称的玉珮；第二个工匠则基本上把璞玉的自然形状和质地肌理完全保留，只在中间做了一个非常精致的圆孔，这是一件非同寻常的玉璧，天然的朴拙与人工的创造如此完美地结合为一体；而第一个工匠觉得璞玉本身已很完美，干脆不施身手，完全保留，几千年之后竟也成为一代绝品。

这是一个发现与呈现的过程：研究现状、发现线索、制定策略、表达呈现。这也是一个由理性到感性的过程：以理性思考开始，渐以感性表达终结。这完全是一个设计过程的描述，今天、今天以前和今天以后，这样的工作方式，被很多建筑师所运用和继续运用，也应该是不会有错的。但问题是，为什么有人成就为工匠中的大师，有人则永远只是平庸的工匠呢？究竟哪件玉器才是那“唯一完美的答案”？实际上就如同一块璞玉只有一次成为某件玉器的机会一样，一个建筑也只有一次机会成为它自己，作为建筑师，你无法从头再来，这是这个职业的遗憾和挑战，也是这个职业的魅力所在。

建筑的发现非常重要，将设计者引向正确的方向，是理想答案产生的必要前提；建筑的呈现更是如此重要，那是决定建筑命运的时刻：平庸之作还是传世精品、使人无动于衷还是心灵激荡？从发现到呈现，往往经历艰苦卓绝的研磨过程，犹如精美玉品的生成。而建筑的最终呈现，则不仅止于设计，还得经由艰苦漫长的建造而矗立于大地和城市，并最终为人使用和检验，方始完成。

建筑的本质是什么？好建筑是否存在恒久的标准？我因此类问题而经常周期性地处于迷惑—清晰—迷惑的状态，但至少以下几点于我是清晰的：风格不是建筑的（而常常是商业的）目的；建筑的设计应该由回答它之所以要存在开始，并回应人类的本能；好建筑会在斯时、斯地、斯境与体验者或使用者达至心灵的契合；好的职业建筑师身处自己的时代和特定的社会、文化背景，应该以自己的思考和实践推动建筑学（或其某一方面）的发展，并以此尽到对于人类生活的责任。

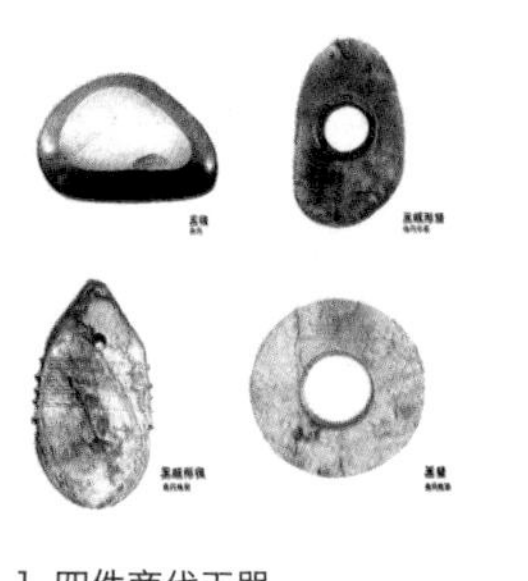

1. 四件商代玉器

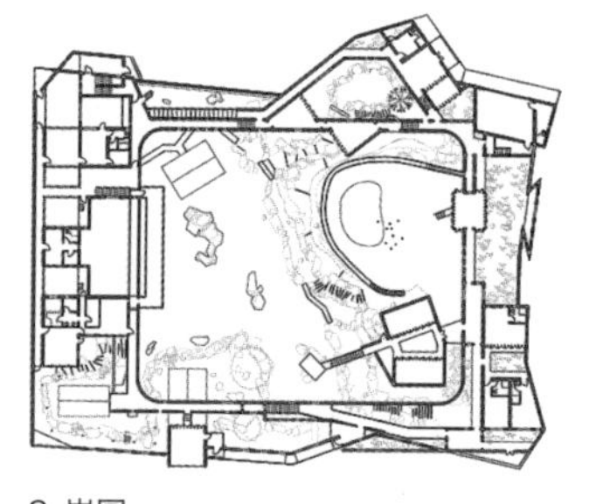

2. 岂园

3. 藕园

一次在工地的偶然经历，曾使我惊诧以至沉思良久：那是一组民工们临时搭建的工棚，却具备很多好建筑的元素和品质：形式、空间、材料、构造、细节乃至建筑的神态和气质。简单而内敛大气，放松而自然到位，犹如大师之作，它使周围那些真正要建造的建筑师“作品”(也包括我的)相形见绌。我跟刘家琨建筑师聊天时讲到此，他把这样的情况叫做“素人建筑”。

阿尔瓦罗·西扎在一篇文章开头写道：“毕加索说他花了十年时间学会了绘画，又花了另外十年学会了像孩童般的画画。现今，在建筑学的训练中缺少了这后一个十年。”[1]在我们长大成人接受各种教育的过程中，其实也丧失掉很多天性和创造性，难得的是能够最大程度地保持自己，并在创作活动中体现符合人的本能和事物本原状态的创造性，再加入独特的艺术判断力，才会使作品格外有力量，给人以震撼。伟大的建筑师路易斯·康说，“我爱起点，一切人类活动的起点是其最为动人的时刻”。我想，并不止于建筑，这甚至也许是值得所有的当代创作者回头深思并有所启示的地方，扪心自问：我们身在何处？我们已经离我们自己有多远？

建筑学成为一个高高在上的“专业”，我以为是一件可悲的事情，这当然是另外的话题。对一个好建筑师来说，也许最后他会发现，所谓的专业技能对他来说并非是最重要的东西，一个建筑师首先应该成为一个真正的人，一个情感丰富、博学通达、敏感灵慧的人，一个对身边事物和人性能够深切感知、体察的人，一个对文化、社会怀有批判精神和责任感的人，一个始终具备、发展自己的创造力和艺术直觉的人，一个具有敬业精神和工作热情的人，当然，还应该是一个健康、平和、享受生命快乐的人。文如其人，建筑也如其人，因此，我越来越感到自己这个人对于建筑设计的重要，做人的质量决定着做建筑的质量——归根到底，什么样的人，就会做出什么样的建筑。设计的活力来自生命的活力，生命的活力来自对生活的敏锐感知和永不休止的思想。

4. 兴涛接待展示中心

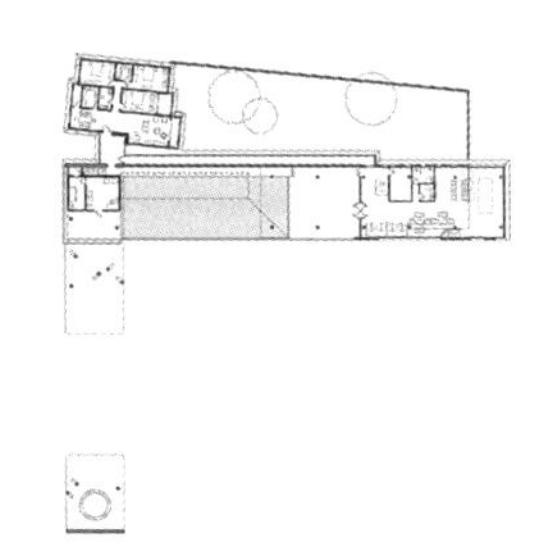

5. 兴涛接待展示中心一层平面

6. “状态”——中国当代青年建筑师作品八人展

与我们的生活和建筑的呈现相关的一个话题是文化和传统。非物体之美、空灵之美、平和之美、意境之美、跟这些美相关的人的生活和生活方式，是我们失掉和正在失掉的可贵传统，是我们东方人的传统。我不是一个很激进的人，否则的话，我就会说，也许这种美和这种东方的哲学，是挽救我们的城市、挽救我们这些生活在城市中的人、甚至拔高一点讲，挽救我们文化的唯一的出路。作为生活在这个地方的人，也许东方文化是最适合我们的。生活在一个全球化的、浮躁的现代商业社会里，可能我们并不能够意识到这一点，但是它是在我们心里的，是在我们潜意识里的。

对园林和聚落的体验和研究、尝试和实践（图 2-5），给我们很多的感触，从中可以看到和感到令人惊讶的当代性，中国特有的文化魅力和生活哲学活生生地搁在那里，在这个文化浮躁、混乱、茫然的当代社会，在那里我们会找到自己的文化之根和生活自信。我们企图发现其中那超越时间、令古人与今人通感心灵激荡的秘密，相信会对我们的设计有不同寻常的启发。最终，在当下复杂纷纭、极具挑战性的中国现实中，在建筑中发现和呈现我们的文化美学、判断力和自信心，这是我们的使命和职业理想。

我把下面四句话写给自己和伙伴们，并与所有从事这个职业的人们共勉：建筑既是不断研磨的发现，又是不可言说的呈现；建筑的工作既带给你快乐，又无法避免长时间的繁冗琐碎；建筑不是高高在上的专业，而是建筑师作为一个人的真实自然的表达；建筑不是纸上谈兵，而是亲身的建造、体验、触摸和攀爬（图 6）。

注释：

① 蔡凯臻，王建国．阿尔瓦罗 · 西扎（国外著名建筑师丛书第 3 辑）[M]. 北京：中国建筑工业出版社，2005.07

[原文最初以《自述：发现与呈现》为题发表于《设计与研究》（DR），2006 年 1 月（总 008 期），后以现题发表于《李兴钢（当代建筑师系列）》[M]. 北京：中国建筑工业出版社，2012.06，文字及插图有删改]

元上都遗址博物馆

内蒙古正蓝旗，2009 至今

摄影：李兴钢　黄源

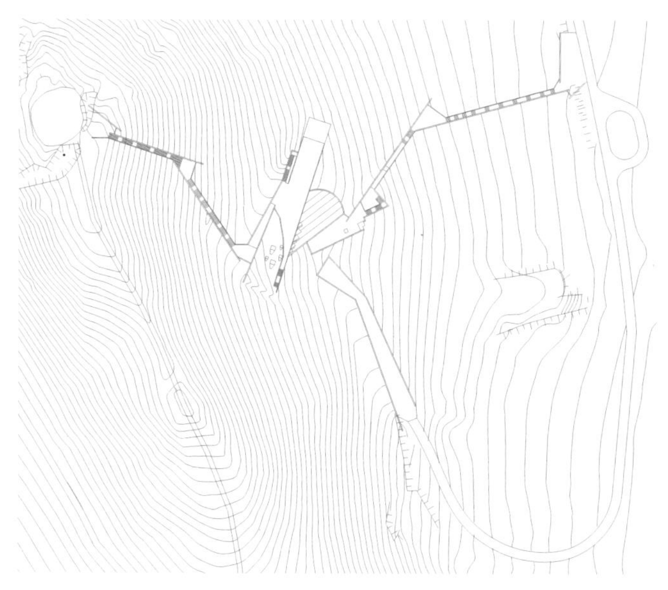

总平面　0 5 10 30m

总体模型

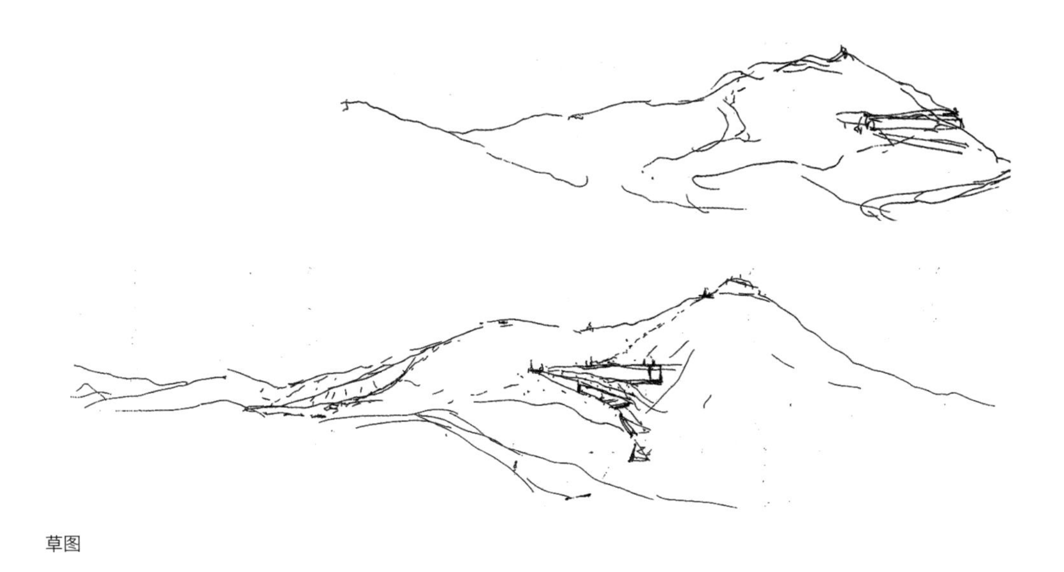

草图

元上都遗址是中国元代北方骑马民族创建的一座草原都城（1260年由忽必烈于此建元上都，是元代和元大都交替使用的两个首都之一）的遗迹，位于内蒙古自治区锡林郭勒盟正蓝旗五一牧场境内、闪电河（滦河上游）北岸冲积平地上，这里山川雄固，草原漫漫，层叠深远；整个遗址分为外城、内城、宫城三重，外城周长达9km，保存完整，尤其适合登高远眺。遗址的城垣、宫殿的台基由黄土夯筑，外面包砌砖石，砖石随着时间的流逝剥落散布，夯土墙体外露，一道道水平向的筑造痕迹诉说时间的沧桑。

元上都遗址博物馆是配合元上都古都城遗址申报世界文化遗产的配套项目。主要功能包括展厅、观众服务、藏品库房、内部办公、考古科研等。

元上都遗址南向5km，有一座平地隆起的草原山峰，名叫乌兰台，相传是当年忽必烈为拱卫元上都而在此设置的烽火台之一，山顶有一座巨大的敖包，由当地牧民长年累月以块石堆垒而成，蓝色的哈达随风飘扬。登上乌兰台顶，顿觉天地的宽广在眼前平铺延绵，而遗址城垣的人工矩形携着巨大的尺度，让人情不自禁地感受自然的广袤永恒和王朝的兴衰变迁。博物馆即选址于乌兰台东侧面向遗址方向的半山腰处，参观者由南而来，绕山而行，通过东北侧山脚下的道路进入博物馆区，有隐藏而豁然出现之感。

西北侧远望乌兰台和遗址博物馆（施工中）

基地的场所气质决定了设计的走向，我第一次去现场，即在乌兰台山脚下，在随身所带地形图的背面画下了两幅草图，最后的设计即由此深化发展而出，直至实施完成。

设计结合并充分利用现状废弃的采矿场来布置博物馆的建筑主体，以修整被采矿破坏的山体。博物馆工作人员入口设置在现状的一处折线形采矿条坑南端，并将办公考古科研用房沿折线凹地布置，且沿山坡形状覆土；保留另一处圆形矿坑，修整作为博物馆的下沉庭院，观众服务区环绕着此庭院。遵循对文化遗产环境完整性的最小干预原则，将大部分建筑体量掩藏在山体之内，仅半露一小段长条形体，隐喻遗址的城垣，将其由正北向东旋转 18°，与山体等高线相交，并指向都城遗址中轴线上的起点——明德门，使建筑对遗址有理想的视角和轴线关联；而由明德门处看遗址博物馆，建筑则缩为一个隐约的方点，体现出对遗址环境完整性的尊重以及人工与自然的恰切对话和协调。

沿着博物馆的内外参观路径设置了一系列远眺遗址和草原丘陵地景的平台，直至到达山顶敖包，长长的路径和不断停驻的平台是博物馆不可分割的组成部分，将元上都的历史、文化和景观在此串联。

赭红的山岩

另有游客接待中心（包括车库、工作用房等）设置在乌兰台西南侧山脚面向游客前来的方向。也采用覆土的方式将建筑全部

东侧远望（施工中）

隐藏，只留出进入庭院的开口挡墙，可由庭院通过室外阶梯上至屋顶草坡。

“乌兰”在蒙语中是“红色”的意思，在山体裸露的地方和敖包上面随处可见红色的山石，“乌兰台”应该即是一座“红色山岩之上的烽火台”之意。后来建筑施工过程中开挖的山体的确是由红色的山岩构成。因此，建筑主体的外墙和平台、挡墙都采用了一种掺氧化铁骨料的清水混凝土，使外露的建筑体量呈现出一种斑驳的红色，犹如从山体中延伸而出，与四季变化的草原丘陵相应和，呈现出广袤与苍凉的场所气质。

烽火台、半露的方形体量及远处遗址（施工中）

西侧俯瞰屋顶（施工中）

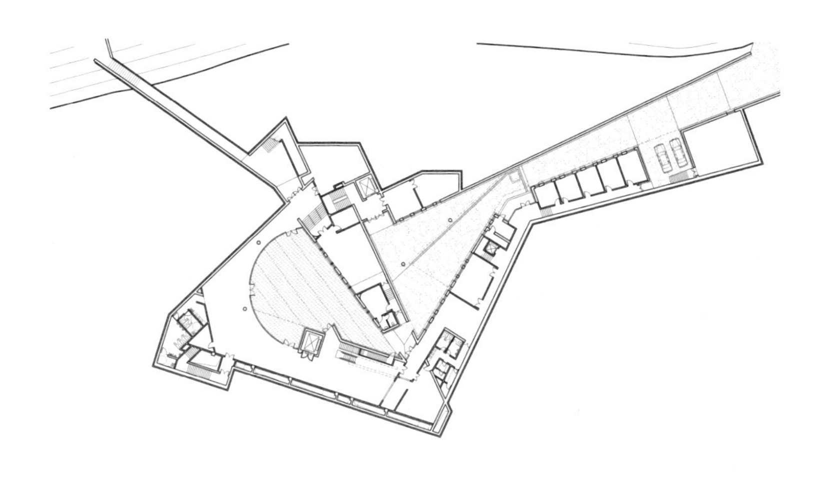

地下一层平面 0 2 5 10m

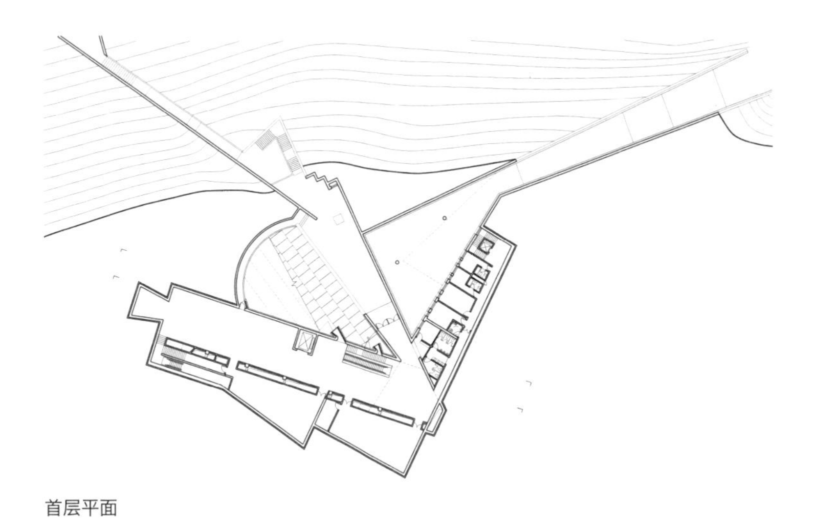

首层平面

屋顶平台远眺遗址（施工中，画面中间的一组白色小点是元上都遗址工作站，白点左侧一道道墙垣即为遗址）

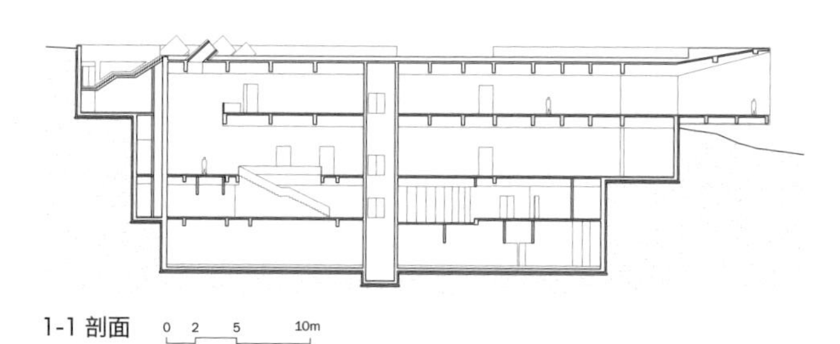

1-1 剖面

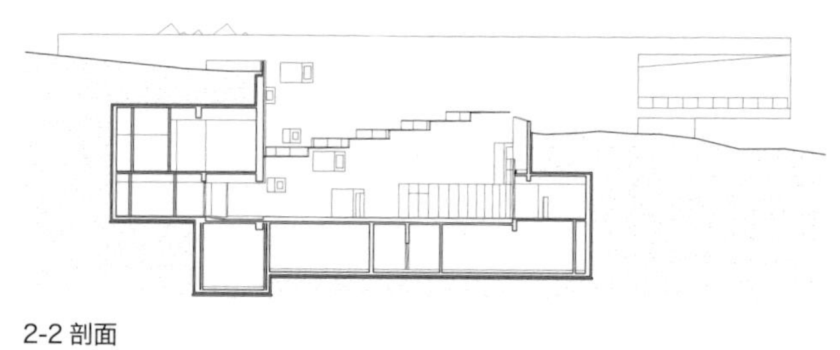

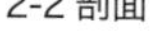

2-2 剖面

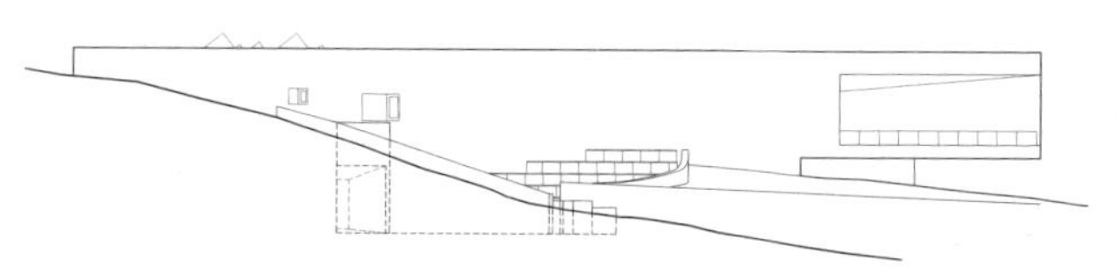

东立面

半露的长方形体量（施工中）

游客接待中心通往屋顶的室外阶梯（施工中）

从乌兰台看消隐的游客接待中心（施工中）

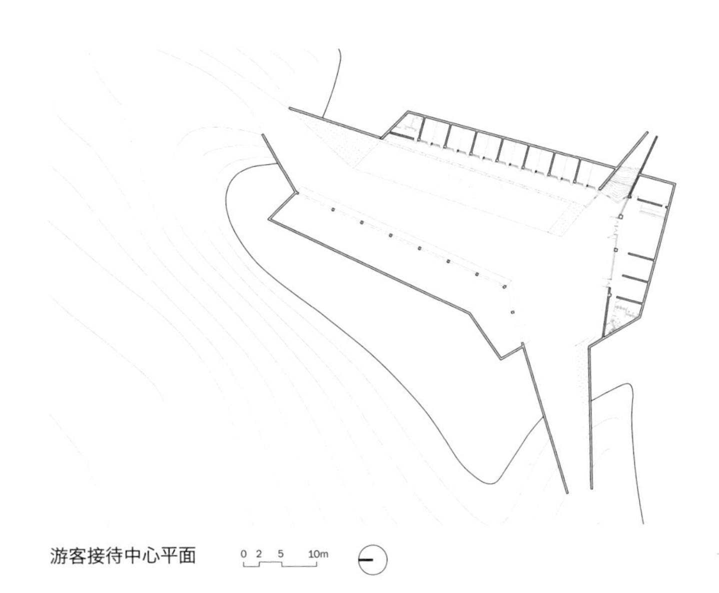

游客接待中心平面

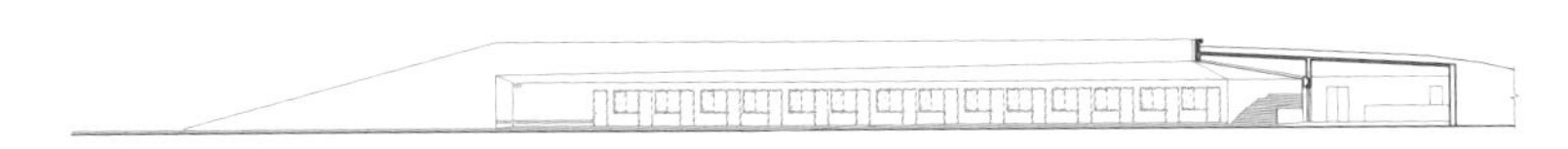

游客接待中心 1-1 剖面

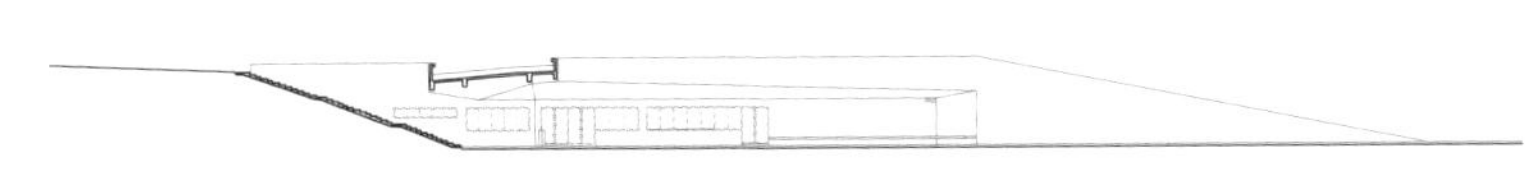

游客接待中心 2-2 剖面

建川镜鉴博物馆暨汶川地震纪念馆

四川安仁，2004-2010

摄影：张广源　李兴钢

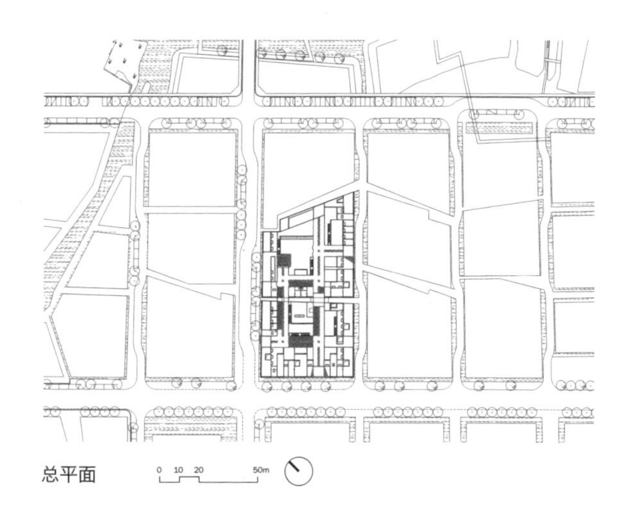

总平面

西北鸟瞰

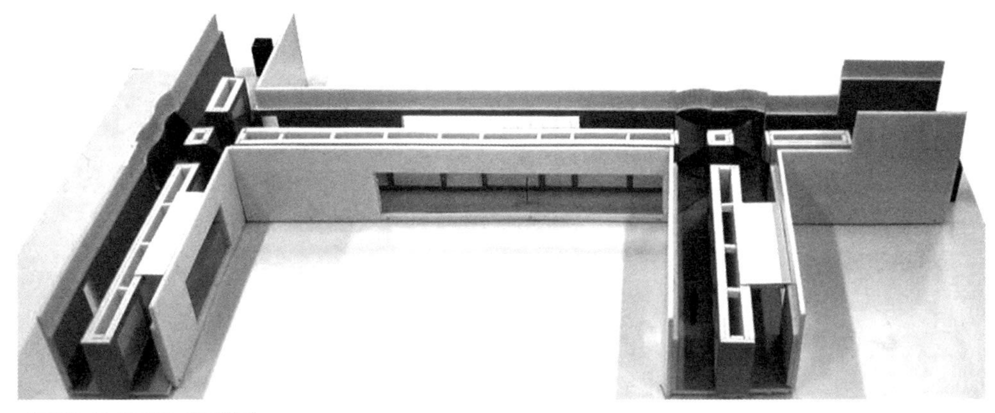

“镜门”及“复廊”空间模型

规划：混合、生活性和空间城市

建川博物馆聚落占据了四川大邑安仁古镇与斜江大堤之间的500亩用地，由3组不同主题的博物馆群及其商业街坊混合而成。出自非常建筑工作室和家琨建筑事务所2004年的聚落规划，强调博物馆的生活性、商业性而不仅是纪念性、文化性和教育性，强调空间城市而非物体城市。为了确保未来这个迅速建成的新区的城市活力和空间质量，规划设定了较多的与每一博物馆相混合的文化艺术类商住内容，同时设定了严格的规划条件。文革镜鉴馆是其中的一个混合街坊。

商业：“外商内博”和模数控制

文革镜鉴馆设计的第一个动作是在彻底满足严苛的规划条件要求的前提下，首先满足最佳的商业需求，并以安仁古镇传统商住个案为原型，进行商业设计组合，强调具有原生态意义和活力的商业/商住空间。设计研究采用了2.4m、3.2m和5.6m这样一组模数（前面两个数的和正好是第三个数），来控制所有的平面开间和剖面层高。平面上3.2m作为商铺基本单元的开间尺寸，5.6m作为中型和大型的商铺单元以及镜鉴馆“亭台”精品陈列厅的开间尺寸，2.4m则是公共厕所、博物馆入口及廊式陈列参观空间的开间尺寸；剖面上2.4m、3.2m和5.6m的三种层高可以对应不同需求而产生空间高度组合、变化甚至改造的可能性，比如一层商铺和二层廊道式展厅的层高都是3.2m，精品展

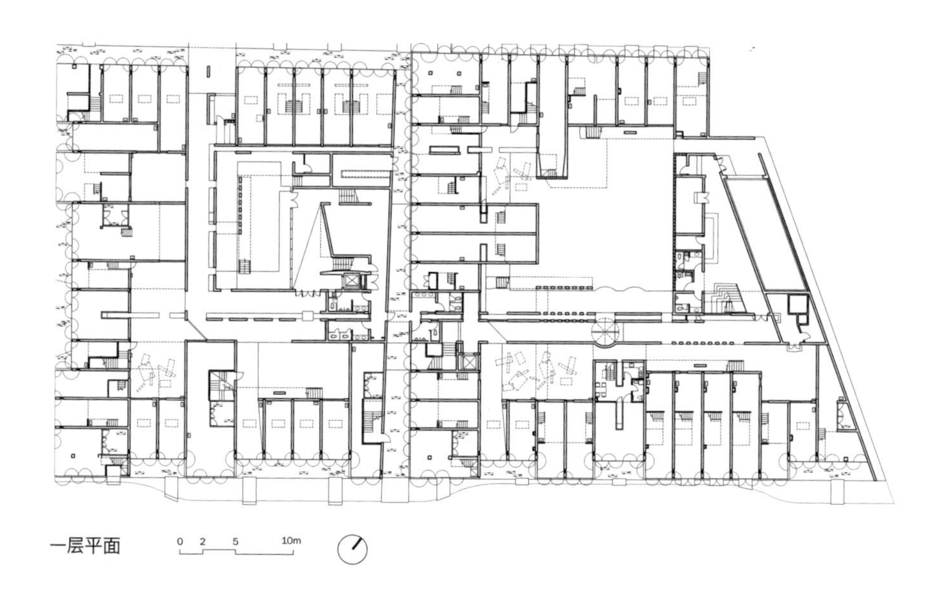

一层平面　0　2　5　10m

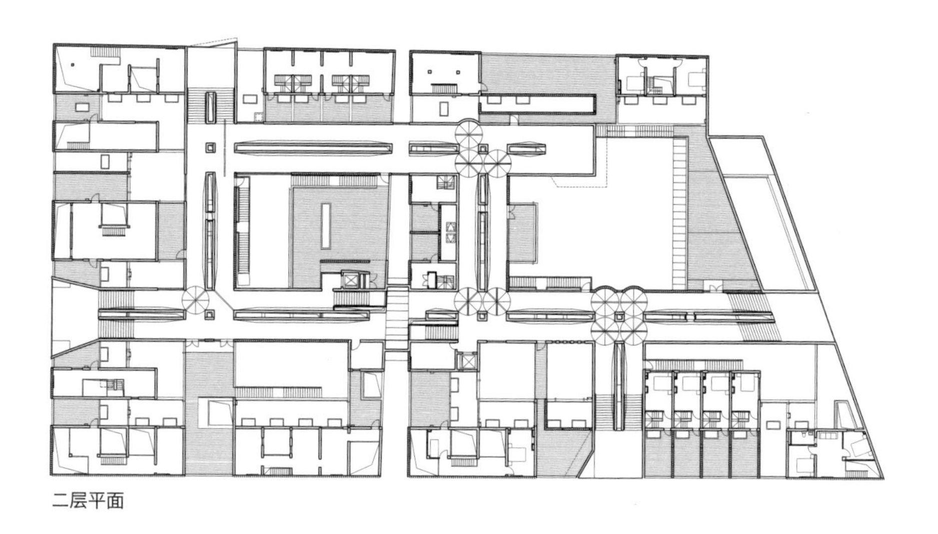

二层平面

主庭院青砖花墙及铺地

西北立面

汶川大地震博物馆
Wenchuan

主庭院内景

庭院内景及天桥

厅和悬挑的檐廊层高是 5.6m，而夹层镜鉴馆库房层高则是 2.4m。仔细计算和排布后的结果是，如果满足任务书中要求的大中小型商铺沿街配比及对应的数量要求，底层商铺将几乎占满所有沿街面(规划设定的沿街防火墙除外)，仅额外留出规划设定的博物馆出入口位置，而博物馆的主体只能安排在被商业围合后的内部用地之内，以及部分商铺的上部空间。

博物馆：立体基地和内向园林

博物馆被确定为一种复廊式的展览空间和线型延伸及组合的形态。于是优先占满街面布置的商业作为某种先在和既定的“现状”构成了立体的博物馆边界，被围合在街坊内部的空地则成为一个内向的城市园林，而博物馆则作为园林中的廊式建筑，和商铺一起构成了无绝对边界、生活化的小型城市复合体。参观展品的过程同时也是游园的过程。

剖面模型

镜鉴："复廊"和"亭台"

最初设计的博物馆内容只有文革镜鉴馆，其入口、序厅和出口、纪念品商店等设在一层，而展厅全部设在二层，有"复廊"和"亭台"两种空间形式，收藏和展示大量文革时期不同类型和内容的镜面。复廊是江南园林中典型的一类游廊，中间设墙，两侧是廊，游人在每一侧欣赏到的风景不同，中间的墙面有碑帖字画等供游人赏玩。镜鉴馆借用了这种空间形式来组织展品的陈列和参观路线，"复廊"大体形成一个风车状的井字形，两侧的廊式展厅的剖面尺寸为宽 2.4m 高 3.2m，外侧时而开窗，参观的同时可以看到外面庭院的风景，而中间的墙面和不开窗的外墙都以表面倾斜的大小凹龛嵌入展品。在"复廊"的尽端,共有 6 个长宽高均为 5.6m 的"亭台"被串联起来,作为精品展厅，也作为游人停留、休息、赏景之处，它们分别朝东、南、西、北、天（上)、地（下）六个方向开口，并向对应的外部景观张开——四个方向的街道 / 水塘、天空及俯瞰街坊中间的步行小巷，每个方向的景观均不相同。在这里，"复廊"中部的墙体是一道双墙，满足了展览陈列、结构、通风、排水和采光（夹层）等多种需要。

旋转镜门：虚像空间、游戏和模拟体验器

由于在井字形“复廊”的五组交汇节点处加入了可旋转的镜门装置，镜鉴馆原本平淡重复的展示空间和参观活动发生了戏剧性的变异。这些旋转镜门卡在廊道空间的转折处，每次可以旋转45°，由于镜面对光线的反射作用，使转折的廊道在身处其中的人的视野里形成被拉直延伸的虚像空间，原本看不到的内、外部景象也被纳入，形成参观者眼中虚幻的镜像。这一简单的潜望镜原理被利用在了建筑中，其关键是均质矩形剖面的廊道空间和呈45°装置在空间转折处的镜面。“复廊”中间的双墙也使得在某一节点处的最多四扇镜门可以各自拥有相互独立且封闭的旋转轨迹，为此有些部位还出现了局部弧形的外墙。当所有这些镜门处于某种特定位置和转停角度的时候，镜鉴馆展厅存在一条最佳参观流线，即参观者如果完全不受镜子所形成的虚像影响且不碰触镜门的话，可以沿着这条流线由入口开始依次参观完所有展厅内的展品并到达出口离开而不会出现任何重复。旋转镜门的数量沿着最佳参观路线在五组交汇节点处依次递增组合，使得空间发生有节奏的变异，镜鉴馆的“复廊”最后成为一个巨大、立体、复杂、虚幻的复合“潜望镜”式空间，参观者身处其中，由于镜门的多种组合加上人的视点不同所造成的景观变化的可能性几乎趋近于无穷，许多迥异的景观会以虚像空间和现实空间相混合的方式出现在眼前。比如，在若干镜门不同的特定角度及其组合之下，人处在廊道内某一点，就可以分别看到东、南、西、北各处“亭台”外以及廊道内部的景象；或者一个参观者行走在展厅中，可以看到自己的背影在前方行走直至消失。这时，最佳参观路线的实现将变得困难，因为总会有参观者受到镜中虚像影响而不由自主地触碰镜门使其旋转，从而对其参观路线造成干扰，后来者又受到前者的影响，同时又对再后来者造成影响，最后所有的参观者仿佛同时进入了一场被镜中幻象诱惑的游戏，博物馆变成了游戏场，成为众人参与的对一段逝去的中国历史（文革）的巨大模拟体验器。参观展品将变得次要，抵制幻像、辨识方向变得更加重要，犹如真正的游戏一样，内心坚定、方向感强或聪明睿智善于观察判断的人会成为游戏的胜者，而紧张、无奈、不堪疲惫者则只能从各处室外逃生楼梯离开，以获得内心的平静和放松，也成为游戏的败者。

遗憾的是，由于各种原因，旋转镜门并未完全按设计意图实现，实施时改为按最佳参观路线要求的角度设置的固定镜门，使得众人参与、相互影响的游戏感大减，但“潜望镜式”的虚像空间及其对展览主题的暗示和模拟效果还是基本得到了实现。

镜门

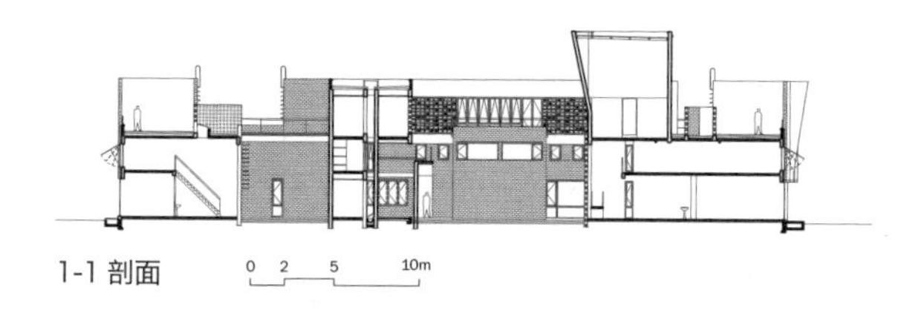

1-1 剖面

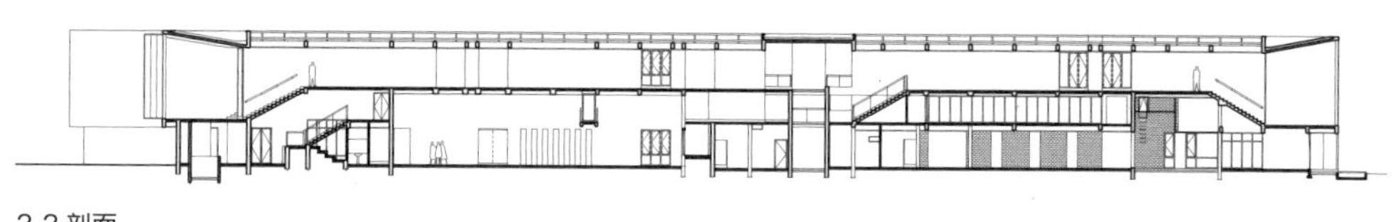

2-2 剖面

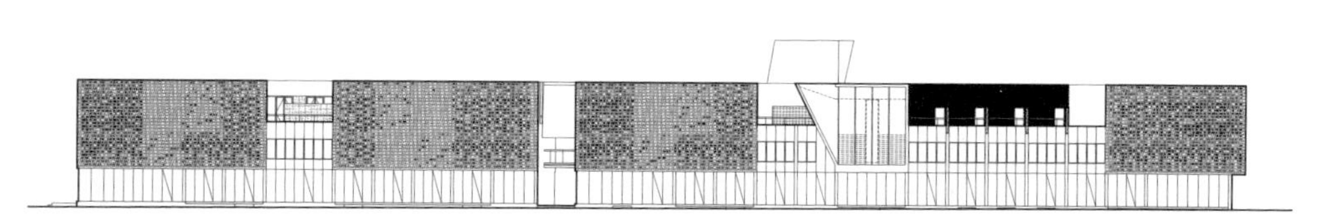

东南立面

地震馆：“震撼日记”和改造重生

文革镜鉴馆于 2004 年 6 月完成设计，施工至结构封顶后，因为资金等原因一度停工。2008 年 5 月 12 日汶川地震发生后，彼时身在美国、具有敏锐收藏意识的樊建川先生要求工作人员 13 日就进入灾区，现场收集珍贵的地震和抗震救灾文物，并在当年 6 月 12 日利用结构完工的镜鉴库房和部分商铺空间举办了“震撼日记”展——以日记的形式陈列地震发生后一个月内的相关实物和事件、人物，取得了巨大社会反响。于是他决定将这些空间设计改造成为永久性的汶川地震纪念馆，从此原来的文革镜鉴馆转变为建川文革镜鉴博物馆暨汶川地震纪念馆，停工难产的博物馆得以再造重生。重新设计改造后的两个馆在空间上相互叠加而流线完全独立，镜鉴馆室内空间通体全部采用白色喷漆花纹钢板，纯净、抽象、虚幻，让人体验极端的狂热而失序；地震馆则保留原始的混凝土墙浇筑和砖墙砌筑痕迹，只作局部简单刷白，粗砺、具体、真实，使人感受痛切的悲惨和震撼。两者以各自的方式纪念、展现和体验着历史上发生的“人祸”和“天灾”两大人间悲剧，给予后人以鉴戒、警示和启迪。

砖砌“花墙”：红砖、青砖和“钢板玻璃砖”

设计使用的主要外墙材料是清水混凝土和红、青两色的页岩砖，清水混凝土主要用在规划设定的沿街防火墙和内部剪力墙，红砖用在朝向外部街道的商铺外墙，暗示文革的“红色年代”，而青砖则用于朝向内部庭院的外墙，对应园林空间的静谧深沉。当地丰富的砌砖传统在这里体现为在同一砌砖单元的模数控制下，不同的室内功能对应不同通透程度的砖砌“花墙”，以达到不同的采光、通风、景观和私密性等要求。为此还专门设计发明了符合砖模的透明“钢板玻璃砖”，造价低廉并易于加工，用于“花墙”上对应室内空间的砌空部分，两种砖也以相互镶拼的方式用于庭院地面的铺砌。另外，在朝向外部街道的商铺一层及夹层设计了可以全部连续开启的、经拉丝处理的铝板隔扇门和铝板支摘窗。

（原文发表于《建筑学报》，2010年11期，作者：李兴钢、张音玄、付邦保，文字及配图有删改）

“第三空间”

河北唐山，2009 年至今

摄影：李兴钢　孙鹏　夏至　黄源

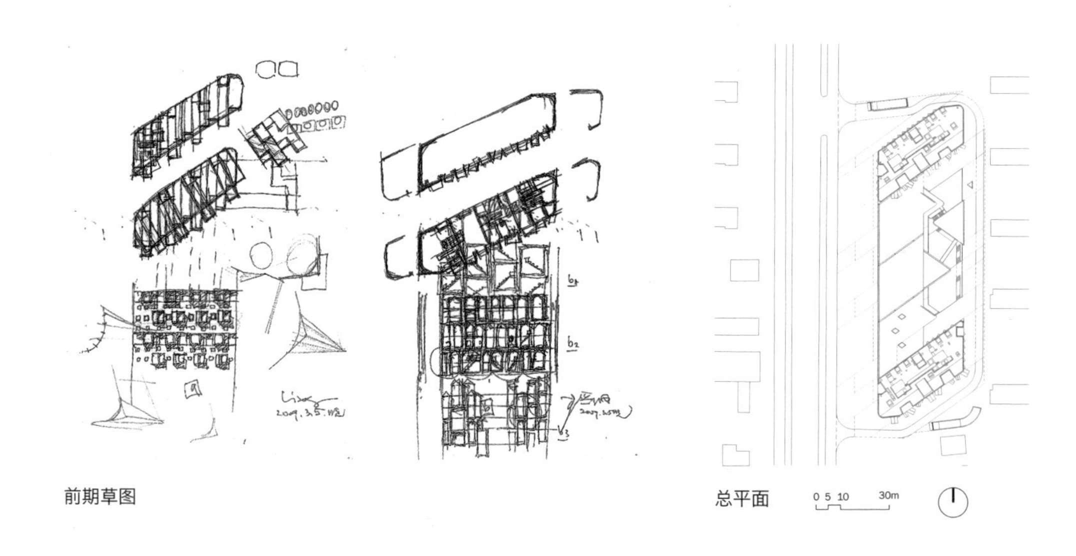

前期草图

总平面

唐山是一座有着悠久历史的冀东之城，是和景德镇齐名的“瓷都”，也是中国近现代工业的摇篮。1976 年 7 月 28 日，在这里曾经发生过一场罕见的大地震，死难 24 万人，整个城市几乎被夷为平地。短短 30 年间，一个新的城市就已拔地而起，大量南北向平行排列的建筑，带有强烈的快速、简单和人工化的特征，有学者将其称为“平行城市”①。

“第三空间”位处繁华的建设北路，其用地东侧紧邻一片南北向平行排列的工人住宅，城市法规规定：新建的建筑不得加剧对住宅区的日照遮挡。这是这个项目设计首先面临的重大挑战，也成为设计的起点。

最后的建筑朝向、布局和塔楼及裙房的体量、形状几乎完全由日照计算软件计算得出：两栋平行的百米板状高楼顺着西南阳光的入射方向旋转了一个角度，朝向东南方向，裙房的屋顶也被“阳光通道”切成了锯齿形状，其东侧留出一个带状的花园空地。城市的东南方恰是城市中心：地震纪念碑广场以及两个以山体为主的城市公园——凤凰山和大成山公园。

西南鸟瞰

西南街景

西北街景

以上述布局和体量为基础，进行了多种形式的方案推敲，确定了最终的建筑形态。裙房和两栋塔楼之间，有两个空中大堂，成为上部私人单元部分与下部公共部分的联接和过渡空间。

1922年，现代主义大师勒·柯布西耶画过一份草图，这份命名为“别墅大厦”的草图是为了将别墅的生活品质带入现代的摩天大楼，以改变其拥挤、冰冷、堆砌的惯常面貌。但遗憾的是，当时这一构想并未实现，只是在3年后的巴黎世界博览会上，柯布建造了“别墅大厦”的一个单元，将其命名为“新精神馆”。但即便只是一个单元，也在当时引起了轰动，法国当时的艺术及文化部长还参加了“新精神馆”的揭幕仪式并表达了极大的支持。

2009年，当接受邀请设计唐山第三空间综合体时，自然地联想起柯布西耶的这一构想，“别墅公寓”这一概念显然已经不再贴合今天社会精英的内心需求，但柯布在构想中所表现出的革新精神和人文关怀是仍然可以被延续和发展的。

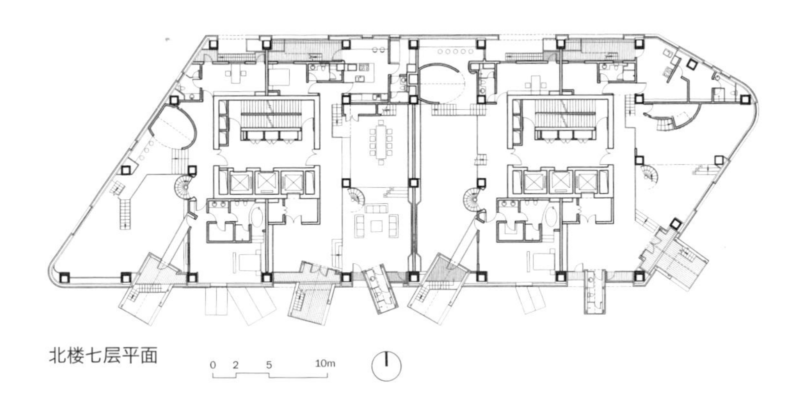

北楼七层平面

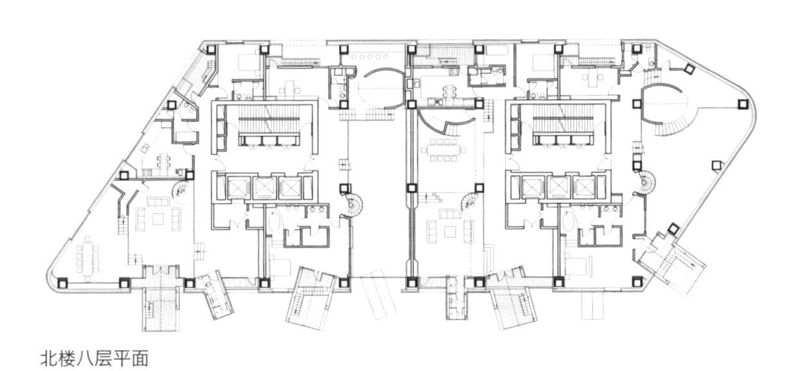

北楼八层平面

剖面图

剖面模型

“第三空间”这一概念实际是由我们的业主提出，他认为，今天的社会精英人物特别是企业领袖，为家庭和事业殚精竭虑，风光和荣耀之外，毫无疑问也伴随着压力和烦恼。他们需要一个公司和宅邸之外的空间，在那里，紧张的节奏得以舒缓，烦乱的思绪得以梳理，压抑的个性得以释放——这就是“第三空间”概念的由来。第三空间综合体要成为建筑表达创新精神和人文关怀的媒介和载体。

现代城市中的高层建筑，越来越程式化、技术化和形式化，远离最初人们建造的初衷。它们应是城市土地稀缺的产物，是垂直叠加增长的新土地。对应从前人类聚落在大地上的水平向布局，高层建筑应是人类聚落在城市人工新土地上的垂直向蔓延。聚落，即是很多独立的单元聚合在一起形成的共同领域和实体。第三空间综合体试图表达这样的意象：一个向高空延伸的立体城市聚落。这与柯布当年草图中的“别墅大厦”的初衷不谋而合。在“第三空间”，这些“私人会所”构成的独立单元在平面、剖面上聚会、咬合、生长、叠加，并在立面上以繁复密匝的状态最直观地呈现于都市之中。

“第三空间”的两栋百米塔楼共容纳76套复式单元，其中72套500 ㎡单元，4套1 000 ㎡顶层单元。它们与下方的公共部分共同形成具有完善生活设施的城市综合体。

如何在这个高层建筑中的城市聚落中营造出真正的“聚落”空间和感受？我们首先从改造“城市新土地”——楼板开始。“标准层”中惯常平直的楼板被以结构错位的方式层层堆叠，形成连续抬升的地面标高，犹如几何化的人工坡地，容纳从公共渐到私密的使用功能，在不断的空间转换中

单元研究模型

形成静谧的氛围。错层变位的混凝土框架结构做法，在高度地震设防区域很不容易，需要特殊的结构计算分析和处理，才使之形成合理有利的结构体系，并与空间规划相匹配。

收藏及影音空间被塑造成“坡地上的小屋”形态，使人犹如在山地上攀爬穿行。大小、形态、朝向各异的“亭台小屋”被移植于立面，以收纳城市风景，并且就像敞开于都市的一个个生动的生活舞台，成为密集分布的垂直“城市聚落”的象征；顶层单元中，则凭借屋顶之便，引入真正的葱郁庭院，与通常的“别墅”相比，这里的“高度”大不相同。

“第三空间”综合体位处于城市繁华的中心区域，让作为社会精英的业主们在繁华与宁静间自由转换，具有集都市性、服务性和人文性于一体的复合属性。所有复式单元在垂直方向并列叠加，对应的建筑立面悬挑出不同尺度及方向的室外亭台，收纳下方和远处的城市及自然景观，自身也成为城市中的新景观。建筑的空间和形象与城市景观产生了因借和互动，这是在密集人工化的城市环境中建筑与“人工自然”的互成。

从入口空间看起居室（样板间室内设计：印西诃 EXH）

从楼梯看餐厅（样板间室内设计：印西诃 EXH）

从悬挑平台望向南楼北立面

从道路西侧望向北楼

“第三空间”的主体结构是钢筋混凝土框架剪力墙结构，由复式单元挑出于立面之外的大小不一的亭台，是安装在混凝土密肋板上的一个个独立的轻钢结构。主体混凝土结构是现浇建造方式，亭台钢结构则为工厂预制、现场装配吊装的建造方式。外立面墙体则主要采用了预制 GRC 面材及轻钢龙骨干挂式结构。这样一种混凝土与钢结构、现制与预制的“混合建造”方式取决于唐山及国内的施工技术水平和“第三空间”的特定空间与结构特征，达到了安全与效率、速度与质量的多重目标。

预制 GRC 挂板不仅规格大、可实现异型及立体化构件，适应立面设计的要求，并且也因其工厂预制现场拼装的建造方式，而使建造质量得到了有效的控制和保证。GRC 面层经过多次研究试制，确定了仿清水混凝土掺加闪亮壳片的质地效果，使墙面无论远看还是近观都有良好的质感。悬挑亭台的屋面和墙面 GRC 板则采用了条纹肌理，以利于雨水的组织和排除以及表面的清洁。

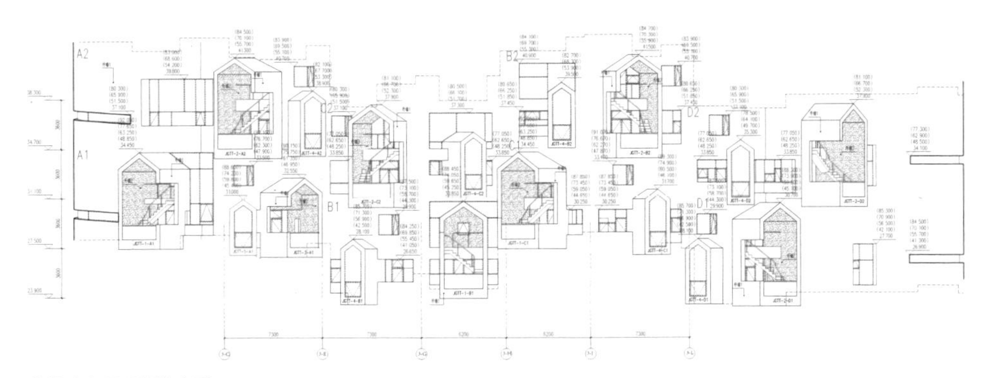

南楼南立面局部放大图

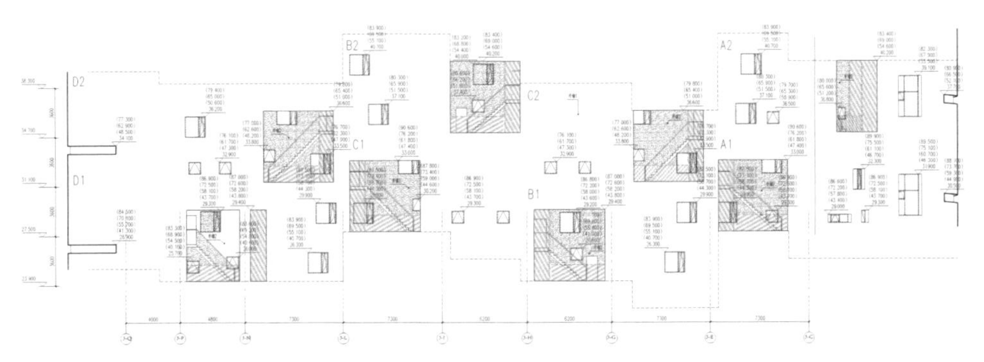

南楼北立面局部放大图

悬挑亭台以及北向大阳台向城市敞开的内部表面，以不规则彩色瓷片拼贴，每个单元颜色不同，以表征不同的生活内容，强化“城市聚落”的特征。瓷片的采用也是对本地著名的陶瓷历史和产业的呼应和致敬。

尽管存在现实的困难，景观设计、公共空间和典型私人单元的室内设计、以及建筑夜景照明也尽可能在建筑师统一控制下进行，以实现最大限度的建筑整体质量。

注释：

① 坠入空间——寻找不可画建筑，张永和，作文本，生活 · 读书 · 新知三联书店，2005

喧嚣与静谧

之一

2008 年 9 月 17 日夜 11 点，北京残奥会闭幕式结束后一个半小时，“鸟巢”（图 1-3）。

下方的比赛场地大草坪上，跳舞、合影、流泪、呼喊——狂欢的“鸟巢”运行团队和志愿者们，在近十万名观赏完残奥会闭幕式的运动员和观众离场后，在他们即将告别“鸟巢”、告别北京奥运的最后一个夜晚，把“鸟巢”再次变成了一个沸腾的舞台和剧场，他们在为这个庞大的建筑物中发生的一系列必将载入历史的比赛和表演活动而默默服务了近五个月（4 月测试赛开始 ~9 月奥运会结束）之后，今晚让他们自己成为了这个也许是世界上最大舞台上的演员。而欣赏他们的观众，此时此刻可能只有一个人，就是独自坐在“鸟巢”西南包厢看台上的我——如果有人从空中俯视，就是巨大容器中的一个小黑点。容纳 91000 名观众的偌大碗型看台此刻空空如也，刚才那无数的人头攒动、红旗招展、灯光荧荧、鼓掌欢呼，都变成了头脑中的定格和幻影……倏忽间，此刻场地上人们的狂欢也仿佛变成了无声的默片动作，我竟然感到四周是一片宁静。

近六年投入“鸟巢”的时光，伴随一幕幕难忘的场景，也如同电影与眼前的场景叠现：那些从图纸到现场再熟悉不过的钢梁、楼梯、斜柱、红墙、看台、座椅、膜顶、设备、灯光、标识……，壮观的、美丽的、浪漫的、我们的“鸟巢”，这一切竟然都成为了现实！按通常的剧情要求，此时应该流眼泪才对呀，揉揉眼睛，啥都没有，只有前所未有的轻松和释然，心里如此沉静。

看来场内的狂欢一时半会儿还不会结束，我悄悄离开看台，乘自动扶梯到零层，由颁奖等候区通过中央通道进入跑道和比赛场地，走进狂欢的人群，从满地的“香山红叶”中拣拾了十数片，离开。

由正西一路向南穿过 A 区、B 区、C 区、D 区大厅。红色和金黄色的灯光把“鸟巢”变得玲珑剔透，与白天相比是完全不同的格调，白天宏伟、气势逼人，而此时则柔和、梦幻动人；灯光辉映下曲折向上蜿蜒的大楼梯格外神秘，似乎向上通向未知的高处；红色半透的玻璃帷幕和栏板如水晶般润泽，里面灯光暧昧如影；在大厅里面透过巨大的钢网格向外望去，夜色中的城市是一个个被精心框起又展开的画面。

走出“鸟巢”来到基座上，身后如巨大灯笼的建筑显得安详又静谧，偶尔传出的里面的尖叫声越发衬托了这安静。草地和甬路上的灯光星星点点，白天这些灯显得是好像略多了些，此刻却觉得正好。走下基座。

由“鸟巢”东南出入口踏着水上的浮桥往外走，在桥的另一端再忍不住回望它，心里说，真是漂亮，走每一步都有那一步的好。于是生出一个念头：再独自环绕“鸟巢”走它一圈——之前不知走过多少遍，

1

2

3

今晚是别有意义的一次。先沿河向北，到“鸟巢”正东，经浮桥再次由东北面走上基座，沿基座向下、向北，经湖景西路到中一路，再次过桥，沿湖景东路一路回返向南，直到南一路，再南，穿过一片小树林，到湖边，已是远眺“鸟巢”了。在这北京奥运的最后一个午夜，我独自一人流连，每时每秒都在用眼睛抚摩着那建筑，一路不停拍照，定格那注目礼，每一刻都仿佛历史的瞬间。

午夜已过，安检围栏外却还有人在拍照和说话。“鸟巢”远远地、亮亮地卧在那里，隔着波澜不兴的湖水，越发显得宁静，犹如一个令人惊艳却娴静无比的女子，让人的目光不忍移开。

看到此时的“鸟巢”，谁会相信它曾包容着怎样的欢腾？那些历史的时刻，那些激情的表演，那些欢笑和泪水、感动与悲伤？人们一次次地走向它，去体验那向往已久的人性的释放；又恋恋不舍地离开，感受着狂欢后的失落，再享受热烈之后的宁静平和。没有一个建筑像“鸟巢”这样：将极端的喧嚣与无比的静谧如此完美地融于一身，相互转换，它就像是一个巨大的人性的情感体验器。

凝望此刻的“鸟巢”，谁又会相信它曾经历了怎样的喧嚣？那些漫长的时日、那些艰辛的工作、那些纷扰的是非、那些各样的人……历史上没有任何一个建筑，像它一样聚焦了如此隆重又如此繁多的目光和欲望、言语及事件、心愿与梦想，它已不再仅仅是一个体育场，而是一个短短几年间包容演绎了无数故事的史诗剧场。一切的故事都已发生，一切的发生都已凝固，无法改变。“鸟巢”无语，它默默地伫立在那里，见证着历史。

之二

2008 年 9 月 11 日晚 8 点半，威尼斯建筑双年展工作人员清场后一个半小时，军械库处女花园中国馆展场。

我们在晚上清场后特意留下来拍纸砖房的夜景。邦保和李宁在房子里，拿着我从北京带来的8个小手电充当光源，孙鹏在外面操作相机，我站在边上看着。

这里距喧闹的圣马可广场仅几步之遥，却是个难得的宁静之地，中国馆选址于此，并且拥有一个宽敞的花园，树丛掩映，草地舒展，虽然有诸多布展的限制与不便，在我看来却是个相当理想的场所。而处女花园位于军械库展区的最里面，需要先经过如同北京故宫内红墙夹道一样长长的由两侧斑驳高墙夹持的甬道，再几个左弯右拐的空间开阖，来到连通外面亚德里亚海的敞阔的运河岸边，走过高耸的吊车铁塔，穿过带柱廊的古老船坞，再转个弯，可见两座红砖塔闸之间运河的入海口，有货船靠岸卸货，在距离岸边大约20米的地方，一排卧在混凝土墩上的巨大圆形金属油罐锈迹斑斑，却又长满了绿色的爬山虎，油罐内侧是一道围墙，两者之间有一米多宽的窄夹道，由此进入，又经右首的门洞，才来到我们的处女园——如此经历过程，空间、景物、视野繁复变化，竟可让人深得中国园林体验之感，中国馆内藏于此，实在是妙手偶得，得其所哉。

处女花园约百米见方，实际上由油库和花园两部分组成，因花园的地下埋着一个古代的“尼姑庵”（应是女修道院吧）而得名——也因此地上的展品建筑不得向下做基础。油库占据花园的西侧，是一长条贯通南北的高大简朴的坡顶红砖建筑，东北端连过来一小排低矮的建筑，是更衣室和花园的入口，再向东另有一栋两层小楼。面对着油库就是大面积的草地花园，中间有碎石子路穿过，东南面是树丛，有几株孤立出来的老树，树冠下一大片浓荫，劳作之余，工人们会在这儿下盘“土坷垃棋”。后面的大片树丛中间，掩藏着另一片空地，被修饰成起伏的土坡，植草，上空悬挂一列巨大的白气球，据说是本届威尼斯建筑双年展总策展人阿龙·贝特斯齐（Aaron Betsky，他确定的本届双年展策展主题是：“在那边，远离房屋的建筑”）的作品，还据说他今晚要在此举办一个私人聚会，不过，那片场地另有入口，而且已经在处女花园的范围之外了。

油库里面是音乐人王迪的摄影作品，布置在两排高大的油罐——那也是不能碰的文物——之间，他的作品赋予中国20世纪六七十年代建设的那些普通民宅以莫名的沉静和尊严。外面平行油库有一条大约6米宽的水泥路，中国馆五位参展建筑师的作品就错落布置在这条路上，纸砖房（图4-9）是其中的第三条房子，位于正中，西面隔着路面与油库平行，东面是大片的草坪。

纸做的房子却一样拥有现实建筑的质感、量感和重感——那是真实的物质和建筑的感觉；更加特别的是，白色的纸箱砖和棕色的纸管梁在黄昏的光线下显得越发柔和，不似阳光下那么对比强烈，一个个纸箱上重复的图案、文字、拎手构成特别的墙面肌理，外面包裹的防水透明胶带略有凸凹，

4

5

在斜侧光下也形成别致的质感。二层挑出的纸管阳台伸向草地，依稀有点维罗那（Verona，距威尼斯不远的一个小城）朱丽叶阳台（那著名的一对儿在此幽会）的影子……

纸做的房子还一样拥有日常建筑需要的功能、空间和使用体验。入口，小门厅，纸管窗。坐在小客厅的纸管茶几旁边，望着高高窄窄的透空庭院，此时黄昏光线下的氛围与早晨、正午、下午时都不同，让人感到一种特别的温暖，而近距下纸材的柔弱甚至使人领略到瞬时的伤感：它的确只有三个月的生命啊。沿着我们的“斯卡帕台阶”上行（Carlo Scarpa，威尼斯著名建筑师，设计过左右脚交替上行的楼梯踏步，纸砖房两个纸楼梯中的一个采用了这种做法，为的是节省空间，并以此方式向大师致敬），来到二层的书房，纸管条案，书房的尽头是阶梯式的坐台，透过2米见方的纸管洞口，看得见葛明的作品——可以骑动的“默默”，张永和称之为“Super Bicycle”，一个特别的“建筑”；越过它，还可以望见花园外海边的红砖塔楼和货船上卸货的吊车；沿着坐台再上两步，有一个屋顶的开口，可以露出半个身体，俯视整个花园。由书房下来，踏着纸管筏板，穿过透空庭院，走向尽端的另一个楼梯，直跑上行，是一个开敞向庭院的卧室，有床，卧在纸管做的床上，可以看到被落地的窗洞口框住的远方的风景，这风景的中心，刚好是不远处大教堂的穹顶，这也是“妙手偶得”。从落地窗口走出，就是“朱丽叶阳台”了，下面是那一大片如绿毯样铺展的草地。

草地上熙熙攘攘的人群不久前还布满在整个花园里，他们好奇地在我们的纸房子里上上下下，大人孩子，拍照、交谈、走动、静坐、眺望，甚至完全不顾我们放在楼梯口的警示牌：“请注意每次仅允许一个人上楼”，三五成群地上去，指指点点、品头论足。花园的草地上摆放着点心、饮料、

6 7 8

香槟，人们吃着喝着，被认识的人介绍给不认识的人，三五成群，大声地聊着天；有些人坐在草地上发会儿呆；很多媒体，中国的或者意大利的，亚洲的或者欧洲的，电视的或者平面的，专业的或者社会的，在忙着找到自己的采访目标，然后就是那套略显程式化的问答。在这之前，是各方人士的出场和致辞。这是今天下午中国馆的开幕式，一个典型西方式的气氛热烈的开幕式。

在这一切之前，处女花园的中国馆经历了半个多月的气氛紧张、艰苦卓绝的施工制作，整个花园几乎堆满了展品施工用的材料，林立的脚手架，不时穿梭的叉车，此起彼伏的呼喊吆喝，那场面与今天相比，热闹之外，又是另外一番景象。

手电的光终究还是太弱了，无法达到把房子从里面完全照亮的效果，不甘心，那就把关键的地方照出个特别效果吧，反正得给这个房子拍个夜景相，这是最后的机会。邦保仍然在里面来来回回找最佳位置，李宁不停地提着建议，孙鹏耐心地等着每一次快门的响声……又是一个多小时过去了，我们结束了最后的工作，收拾设备和背囊，即将告别处女园。都依依不舍的，难怪，为它付出了那么多心血和汗水，而且，明天之后永不再见。

回望纸砖房，“斯卡帕台阶”的墙体外面，有一盏古典样式的铸铁路灯，它原本是个普通的路灯，因了和纸砖房靠在一起，就像是房子的一部分。灯头高悬在纸砖房的上方，灯光撒在建筑表面，清澈而温暖，纸砖房静静伫立，平行在油库悠长斑驳的身影旁边，衬托它们的是渐呈暗蓝的天空。偶尔由树丛那边传来人的说笑声，远远望去，上空白色的气球随风飘摆，发出呼啦啦的声响，更加凸显了这边的静谧。

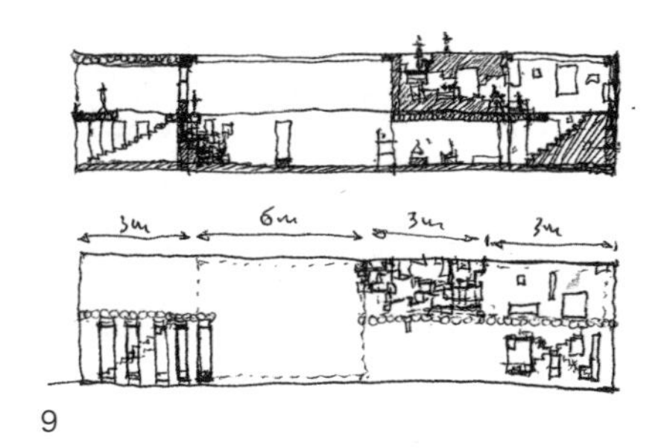

9

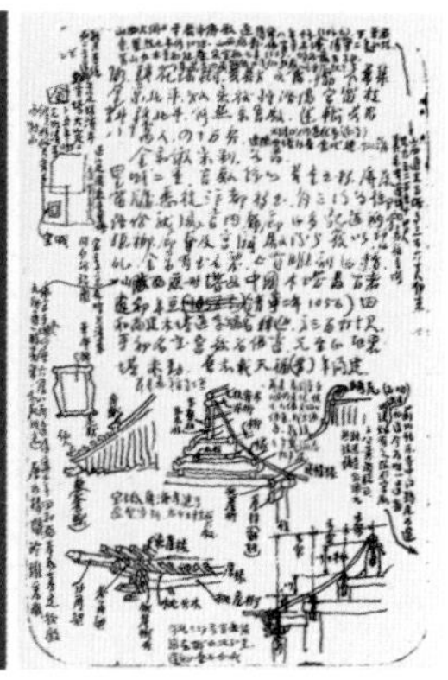

10 11

之三

2008年10月4日下午5点，国庆长假第六天午睡后一个半小时，北京甘家口建筑书店。

这几乎是近六年来难得的彻底休息和清闲，自然睡、自然醒。如今的黄金周几乎成了春节之外中国的人口大迁徙，这的人去那，那的人来这，大过节的，哪都是人。索性哪也不去，除了看看电视、上上网，几乎是睡完吃，吃完睡，睡完再吃，吃完再睡，几乎是过着久已向往的猪一样的生活啊，好不幸福。相信幸福的猪也应该有精神生活，这天午睡之后，我想去光顾一下久违的书店。

移步甘家口，走进建筑书店，看看有什么新书。有点后悔来这，书架上满满当当、密密麻麻的新书旧书们，仍然是老样子，XX作品集，XX精选，XX大全，XX年鉴，XX名家名作……完全就像是如今我们身边的城市和建筑的平面缩微：毫不掩饰的表现欲、不加思考的浮躁感，外表光鲜，内在肤浅，令人生厌。那些书，无声地在书店里制造出一片喧嚣。

我决定离开，去离此不远的百万庄新华书店。"干吗非得老看建筑书呢？"我对自己说。

就在我转身的瞬间，我瞥见了万卷书丛中的那两本——《童寯文选》第三卷、第四卷（图10、11）。我把它们从书架中抽出来，几乎略微翻了翻就决定买了，交钱，走人。

回到家，迫不及待地换好衣服，打开台灯，仔细地读这两本书，竟不知过了多长时间，才放下书，长长地舒了口气。

这是童寯先生在南京中央大学建筑系初创时期撰写的讲义手稿汇编（第三卷），和长达半个多世纪历史的笔记杂录、渡洋日记（英文）、旅欧日记（英文）、文革交代材料、往来书信、华盖事务所珍贵档案等的汇编（第四卷），由童明（童寯之孙，建筑师）和杨永生经历数年整理、翻译、编辑。内有很多童寯的亲笔文稿、画稿，生动详实地展现出童寯先生的生活历程、学问和精神世界，弥足珍贵。

这是在那些喧嚣的书丛中两本安祥的书，这是可以让人沉静下来的书，这是我想读的书。读的不仅是书，读的更是童寯先生这个人。我们这个时代乃至可预见的未来，还会再出现这样的人吗？我可以想像他天资聪颖而勤奋，先入清华学校，之后留美学建筑，获得各类美国学生大奖（甚至杨廷宝、梁思成都莫及），之后游历欧洲后回国，之后与人合伙创办我国最早的建筑师事务所之一——华盖，之后加入南京中央大学（后南京工学院，今东南大学），又做建筑又做研究又要教书育人，作品累累，著作等身，桃李满天下，终成一代宗师；但我却无法想象他三十六岁就已完成不朽名著《江南园林志》；无法想象他怎么可以抬手就写《中国绘画史》、《日本绘画》、《中国雕塑史》、《日本雕塑史》、《中国建筑史》讲义？无法想象他在中西园林研究、古现代建筑研究之间自在转换、深入纵横，也无法想象他如何能英汉皆通、文画皆长、手笔老到、自成大家？更无法想象他以如此天分和功力，却几十年如一日地勤奋笔记、不苟不掇？这种种的无法想象之间，或许有着密切的关联。

曾经有机会参观过南京的童寯故居（童寯自己设计），楼上老先生的那卧室兼书房的斗室里，一床、一躺椅、一小靠背椅、一小桌、一小凳而已，这桌也真是小，放在旁边小凳的那本超厚超大的《郎曼英汉大辞典》若是放上去，要占掉半个桌面。小桌前是窗，窗外是安静的小院。床靠里的侧面墙上，是一个有点奇怪的低侧窗，可俯视一楼的客厅，若是有客人来，老先生透过小窗一看不是必须见或者乐于见的人，把窗帘一遮，家人便知如何应对。如此，童先生便可心无旁骛，安守自己的学问世界。几十年，外面世界大起大落，大风大雨，虽然他也不可完全置身事外（可见《童寯文选》中的“文革交待”），但却能于一片喧嚣之中，寻得属于自己的安宁。我想，这安宁首先来自他内心的沉静与安宁——任凭风云变幻，我自波澜不兴。小屋简朴，但从壁上张挂的早年童寯先生与父亲合影、孙女从国外写给爷爷的明信片以及童寯亲笔绘制的《随园》墨线原图，可以想见老先生独享的精神与学问家园。

不禁自问：身处浮躁喧嚣之中，人心里还能容下一张安静的小书桌吗？以此自省自勉。

[原文最初发表于《设计与研究》（DR），2008年12月（总016期），后发表于《建筑师》2008年06期，文字及插图有删改]

鸟巢文化中心

北京，2012-2015

摄影：李兴钢　孙海霆

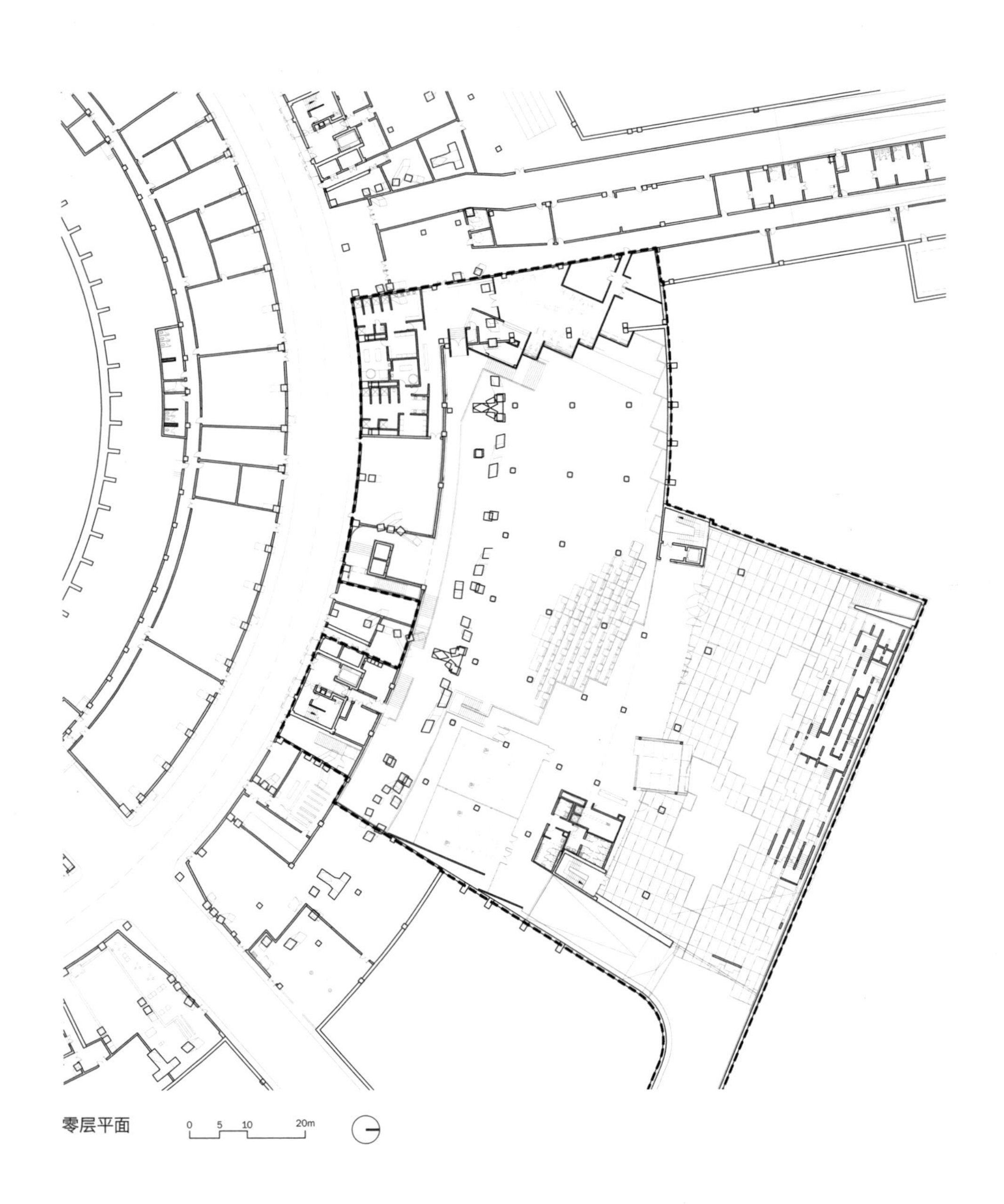

零层平面

下沉庭院

北京 2008 年奥运会的主体育场（中国国家体育场）——“鸟巢”，在设计之初即为奥运会后的赛后运营预留多处空间，其中在“鸟巢”的北部，预备将位于上部三、四、五层的对应空间改造加建为会员制经营的酒店，并在对应的下部零层（基座之下）奥运会时用于工作人员用餐区及开闭幕时器材库的区域，预留为酒店大堂及专用停车场空间，并在大堂外设下沉式庭院，留出专门车行入口。但奥运后，因多种因素的变化，酒店计划取消，代之为上部的会员俱乐部及餐厅和下部的鸟巢文化中心。

鸟巢文化中心因此是一个在保护奥运遗产（不涉及外立面、屋面和庭院边界改变）的前提下，对原有体育场局部空间的的改造项目，旨在依托国家体育场自身的建筑特色和强烈的奥运色彩，构建以服务创意文化产业、弘扬奥运体育精神为主题的文化艺术交流平台。由外部的下沉庭院及入口引道和内部的零层及地下一层多功能空间组成，可举办展览、会议、讲坛、表演、产品发布、大型宴饮等多种不同规模和主题的公共或商业活动。设有顶轨式活动隔断（平时可隐藏在夹壁墙中），可根据不同功能需求划分大小空间。

“鸟巢”的整体设计中存在一个对应外部立面和屋顶钢结构的不规则轴网和对应内部圆形看台

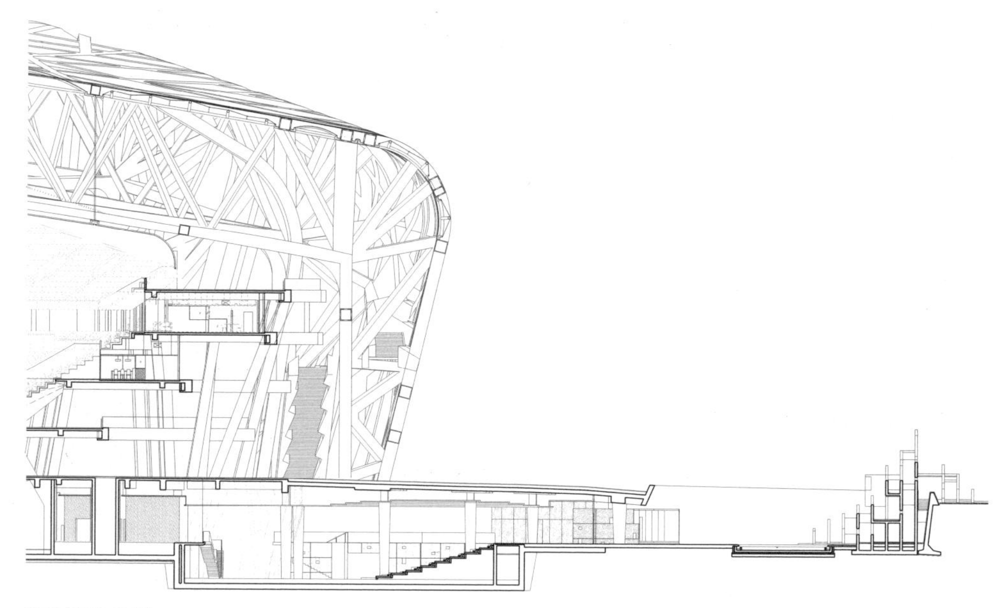

整体剖面示意图

和混凝土结构的放射状轴网，这两个轴网所对应的不规则钢结构斜柱列及放射形排布的混凝土垂直柱群先在于现有的室内外空间中。为此，新的设计引入了一个黄金分割比矩形格网体系，叠加在原有“鸟巢”的结构主导轴网之上，并将此格网进一步扩展为黄金分割分形模数控制下的矩形板块系统，同时作用于平面和立面，从而以此为基础，建立起一套新的语汇系统，将室内外空间元素（墙、地、顶）一体化处理，并保留和强化原建筑极具表现力的结构构件，生成与“鸟巢”形象空间相协调又并置和凸显自身特征的室内、空间和景观环境。

文化中心的主入口设在“鸟巢”东北入口处，单轴旋转的钢制大门打开，是长长的向内向下延伸的引道，上方是模数控制的矩形混凝土（GRC）板块吊顶，愈向内愈不断加入木质板块吊顶单元，以向大厅室内完全的木质板块吊顶过渡，灯具依板块单元划分留洞设置。引道尽端，即到达容纳片石山水的北侧下沉庭院和零层大厅入口。

在下沉庭院起造抽象的山景水景，竖向层叠的“片岩”假山和水平拼合的水面、池岸、浮桥、平台、亭榭均由模数控制的清水混凝土单元板块堆叠成形，与爬藤、花草、树木相结合，营造出兼

“片岩”假山

具古意和当代感的山水园林。片岩假山其形抽象自明代《素园石谱》的“永州石”，其峰一主两次，并向上延伸至下沉庭院顶部及外侧的“鸟巢”基座景观区，与之游线联通，并设由基座下行进入文化中心的入口。混凝土假山层叠所形成的空间中设有多条木踏面阶梯蹬道，可攀爬、登临，亦有平台、景亭，可驻留、凝望。假山向下延伸为水平向拼叠的混凝土板块池岸和平台浮桥，临浅水，可渡可行可停可坐可望。水边有一木质板面亭榭，亦由模数板块构成，内设咖啡茶座，并与大厅内部公共空间联通。

在同样的黄金比模数控制下，水平片状单元再继续向零层大厅室内漫延，形成连接零层及地下一层标高的叠落状混凝土台地，兼具展示和观演功能；并在上部形成沿“鸟巢”基座（即大厅顶板）标高由外向内逐渐抬升的直角折线放射状木制板块单元吊顶，同时在四周形成折线式竖向木板单元式墙体（可收纳活动隔断的夹壁墙）和混凝土墙体及楼梯。吊顶灯具亦根据板块留洞布置，形成整体的照明效果，墙体凹龛处设灯槽，使墙面更具体量感。

除零层东侧局部设置夹层空间(其下为贵宾停车入口及备餐服务区)及西南侧设健身中心外，“台

国家体育场及下沉庭院

中航国际
VIENNA CAFE

“台地”大厅

地大厅”是一个层高达 9.5-10m 的通高大空间，外侧是几列上圆下方的垂直混凝土柱群（沿放射状轴网布置）、最内侧是一列由上部延伸入地下空间的“鸟巢”主次钢结构柱，沿外立面轴线弧形布置，并呈现不规则的尺寸和斜向，犹如巨大的钢制雕塑装置，尺度憾人。钢柱内侧是连接楼电梯厅的弧形走廊，可由东西两端的楼梯上达，透过斜钢柱体形成的巨型网格，视线聚焦于眼前一片由上方叠落而下的混凝土台地“山坡”，并继续透过上部大厅入口的通长玻璃，延伸至下沉庭院的混凝土“片石”池岸与假山，企望空间和意境深远。原设计中曾在钢结构网格外面再附加一层细密的钢网，形成半透的帘幕，更增视线中空间的层次感，惜未实施。

室内外材料选择力求与“鸟巢”原有建筑空间气质相呼应，以本色为主。地面用材有：预制混凝土板、整体现制水磨石、天然石材、木地板、地毯等；顶面用材有：GRC 挂板、胡桃木饰面板、白色涂料纤维增强水泥板或石膏板等；墙面用材有：清水混凝土挂板、胡桃木饰面板、GRC 挂板、壁布等，其中在台地大厅中使用的胡桃木饰面非石棉纤维增强水泥板墙面，既满足地下空间必须使用的 A 级防火材料标准，又保证了室内空间效果的完整呈现。

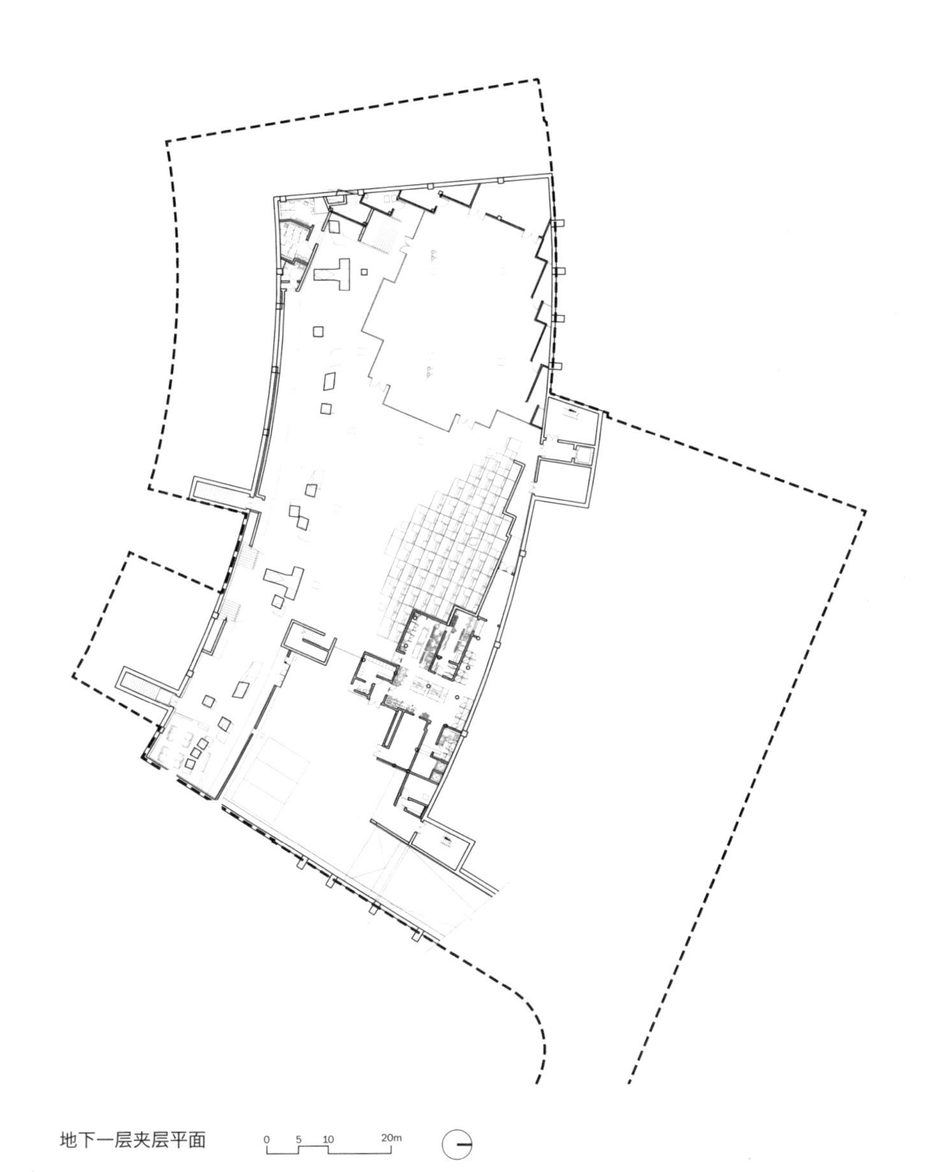

地下一层夹层平面　

零层大厅及室外下沉庭院

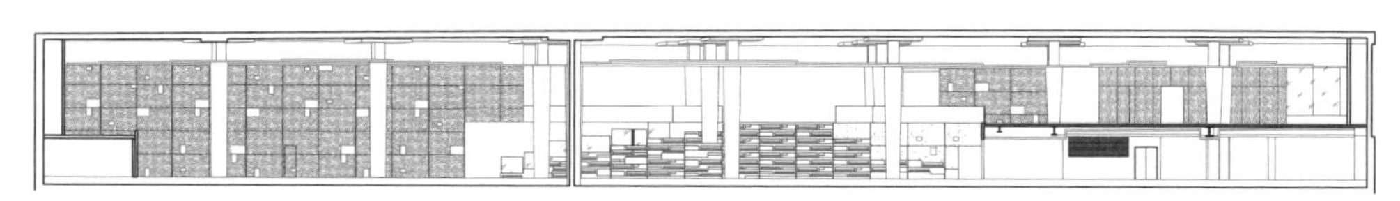

1-1 剖面　0 2 5 10m

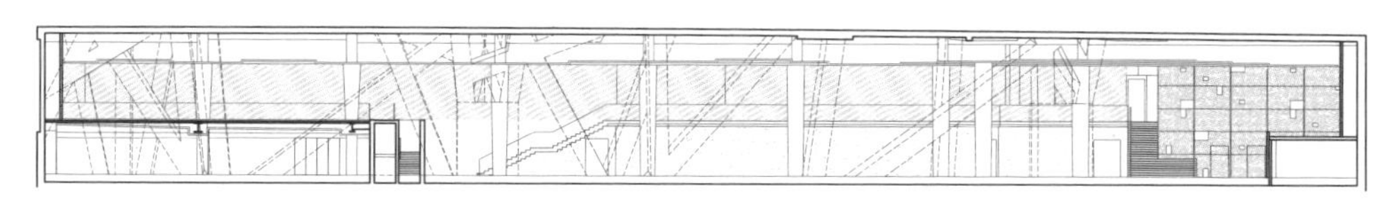

2-2 剖面

视线穿过台地大厅看下沉庭院

零层大厅

“片岩”假山局部

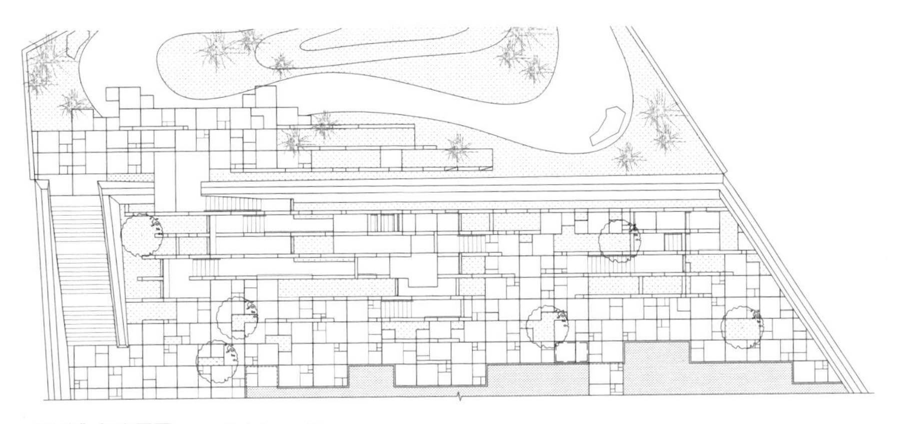

“片岩”假山平面

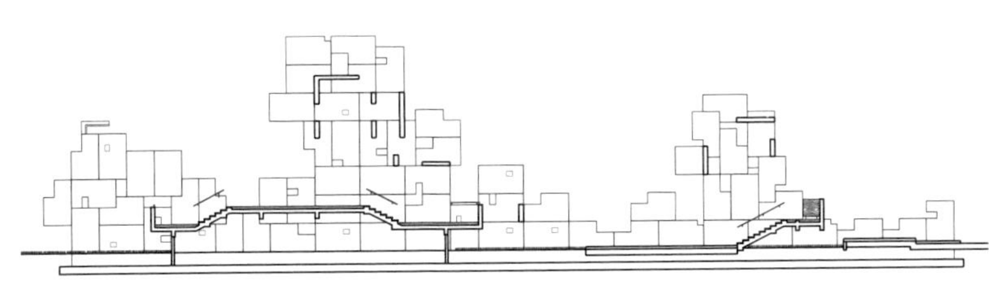

“片岩”假山 1-1 剖面

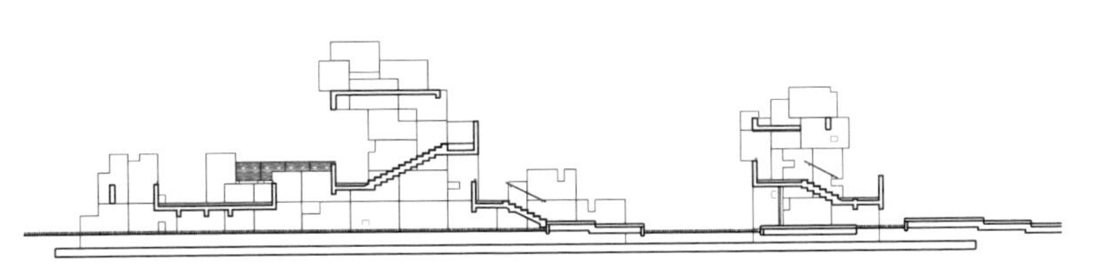

“片岩”假山 2-2 剖面

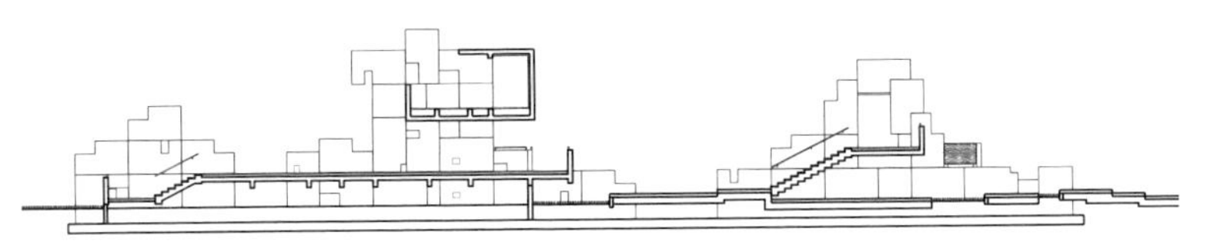

“片岩”假山 3-3 剖面

乐高一号、乐高二号

北京，2007-2008

摄影：付邦保　郭佳

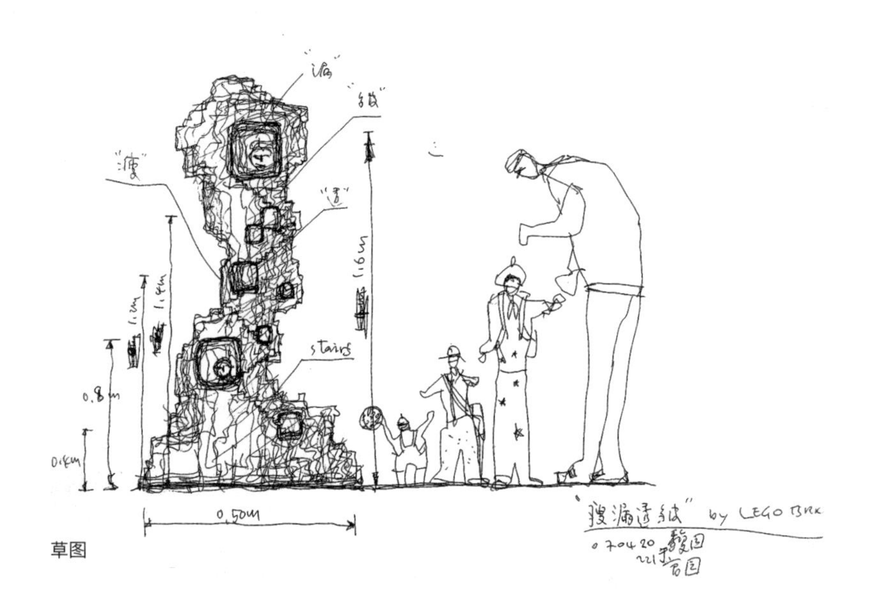

草图

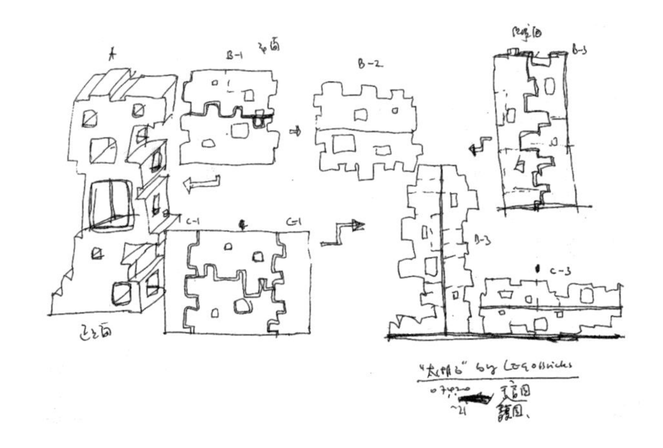

草图

乐高系列缘起于 Art AsiaPacific 杂志和 People’s Architecture 基金会邀请加入的“Building Asia Brick by Brick ”活动。“一砖一瓦建亚洲”是一项 2007 年和 2008 年分别于中国和美国举办的地标性文化巡展和工作坊活动，邀请亚太地区著名建筑师用乐高积木颗粒（乐高公司赞助）建造建筑模型，并与“寓教于玩”的儿童教育活动相结合，促进青少年一代的建筑和城市意识，并激发他们的创造性、独立及团队工作能力。

乐高一号于 2007 年完成，并参加了当年在北京举办的大声艺术展、宋庆龄基金会主题展览及工

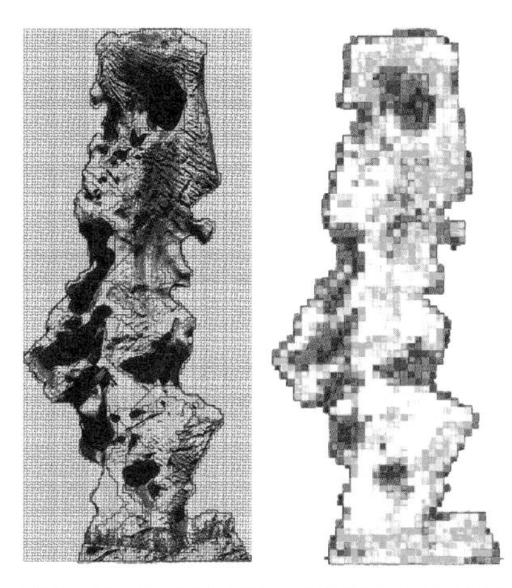

乐高一号：冠云峰与网格 - 用色块区分表面高程

乐高二号：石谱图 - 泥塑模型 - 切片扫描

作坊和在深圳举办的“城市：开门！”深圳城市建筑双年展，参加了 2008 年在美国纽约的展览、工作坊及公益拍卖活动。

乐高二号 是 2008 年德累斯顿 “从幻象到现实：活的中国园林展”应邀参展作品，展览于 2008 年 6 月在德累斯顿著名历史建筑皮尔内茨宫 (Pillnitz) 举办，乐高公司赞助了制作展品用的乐高颗粒。

乐高一号和乐高二号均选用了中国传统中著名的太湖石作为蓝本，并以“瘦漏透皱”为主题。它们既是抽象化的石品，也可被视为建筑模型，甚至可模拟为超级尺度的立体城市。乐高一号以苏州名园留园中的实物“天下第一峰”——“冠云峰”为蓝本，先将实物图扫描，变形，然后设计建造电脑模型，最后制作乐高模型，使用了 7450 个乐高颗粒。乐高二号以明《素园石谱》中的“永州石”图为蓝本，先制作立体的泥塑，之后将其三维扫描，在其基础上设计，建造电脑模型，最后制作乐高模型。

“瘦漏透皱”通常被作为中国古典园林中至关重要的太湖石的评判标准，其实也完全可以构成对现代建筑质量的评判：“瘦”描述了建筑的外形或形体，“漏”描述的是内部的空间变化，“透”描述建筑中的取景，而“皱”则可描述材料和肌理。这两个作品介于人工和天工、建筑和非建筑之间，表达了中国文化中特有的人与自然融合相通的哲学和生活理想。

留园中的冠云峰

乐高一号
尺寸：400mm x 500mm x 1140mm
材料：乐高颗粒——3583 块（2x2）+3297 块（2x4）+572 块（2x8）
作者：李兴钢工作室 + 李沐晗（8 岁）

《素园石谱》中的“永州石”

乐高二号
尺寸：1800mm x 1000mm x 1200mm
材料：乐高颗粒
作者：李兴钢工作室

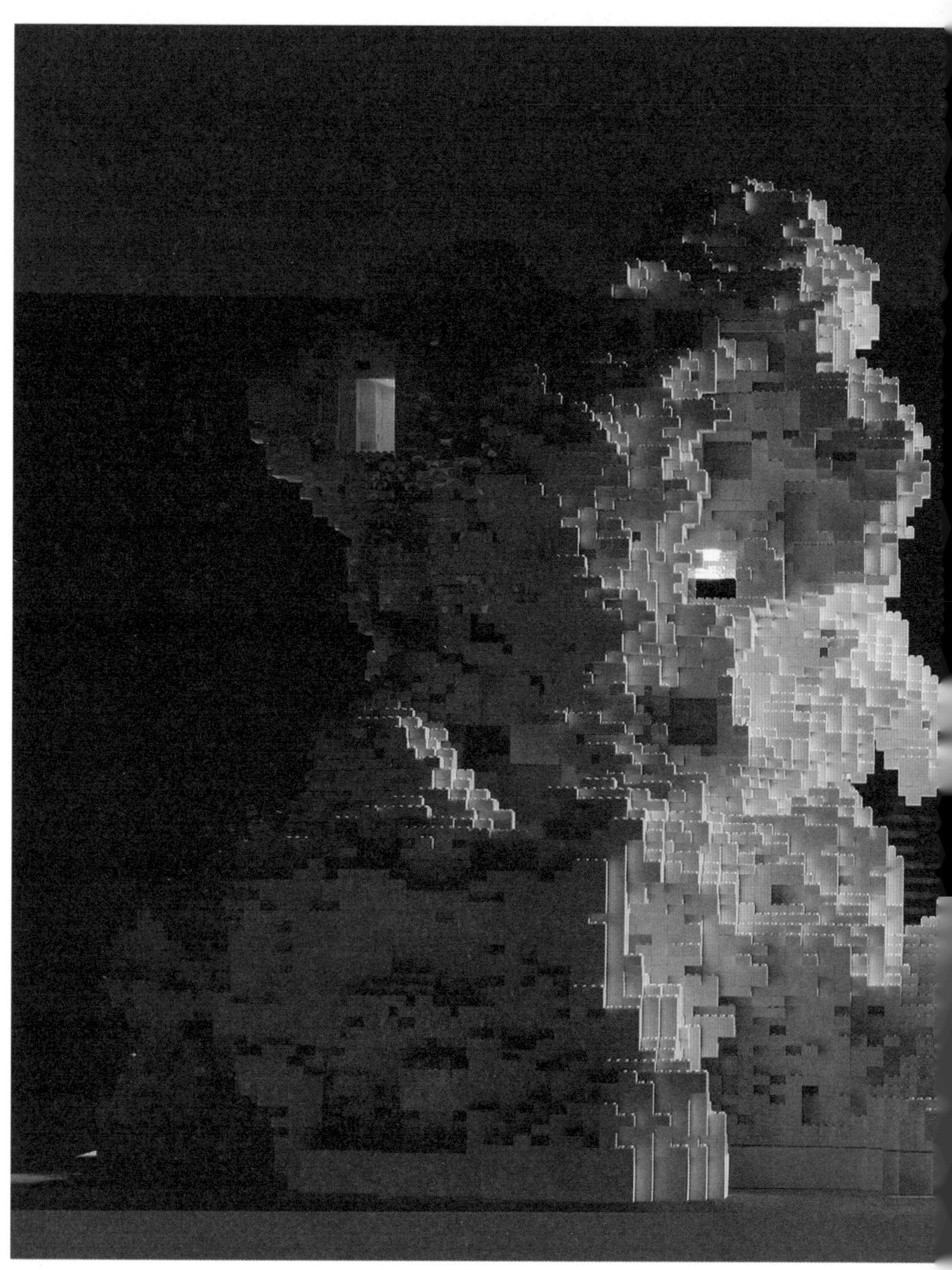

乐高二号

“聚落”卡座

上海，2014-2015

摄影：李兴钢　张玉婷　俞挺

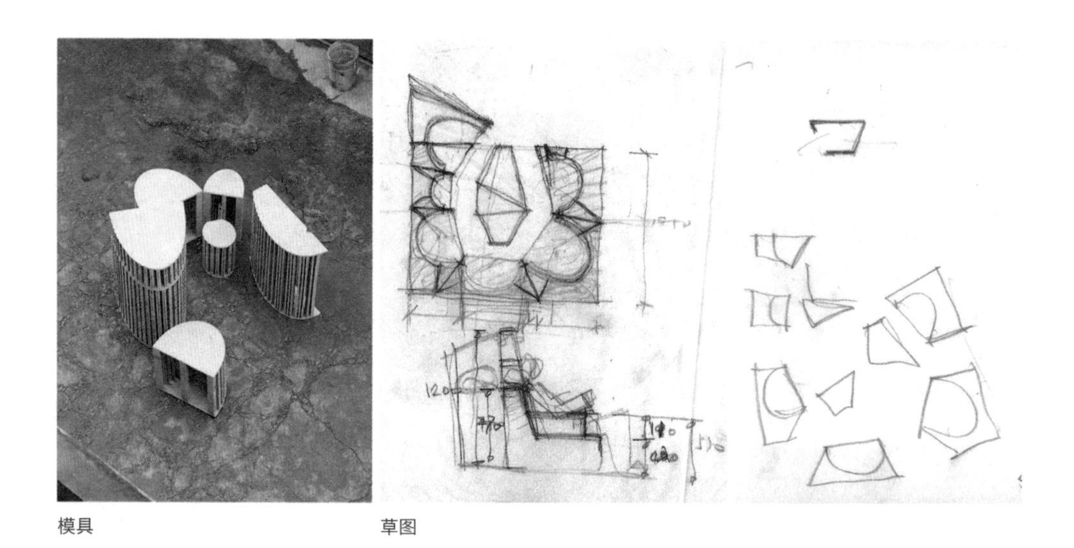

模具　　草图

“堂堂座”

单体

“聚落”（Set-all），聚而落座。这组坐具及茶几的灵感来源于内蒙锡林郭勒大草原上的一群小房子，把它们转化为高低错落、具有空间感的椅子群。它们既可以或紧凑或散漫地聚合布置，也可以或三两或一二地独立存在。实木框架 + 实木生态板材，椅子的木框架朝外露空，而朝内的靠背扶手座面铺为实体，不同角度虚实互映。配有木质台灯，制造氛围及方便阅读。椅子大小、高低、单双、深浅不一，造成坐者的多样坐姿，人和椅一起形成别样的图景。

“聚落”卡座，缘起于上海虹口区 1933 老场坊附近的旮旯酒吧主人发起的“旮旯 x 吱音”创意计划，邀请多名建筑师与年轻家具品牌“吱音”合作推出限量版家具产品，并于 2015 年 4 月在上海举办“一咖一座”展览，是对设计中生活逻辑的探究，椅子是最微观的建筑物，作为生活中最小的载人单位，如建筑支撑城市文明一样承载着人们的日常起居。在中国的传统中，家具更是城市和建筑系统的延伸，一件家具，从来不是可以随意放置在任何空间的配搭物件，而是像一座微小的房子一样，容纳具体的人的身心和生活。

套椅中有一组双人座椅，其中的小座命名为“堂堂座“，它并非通用的成人尺度，却可与人配合，营造出特别的场景，那是另一种生活的日常。

分解轴测图

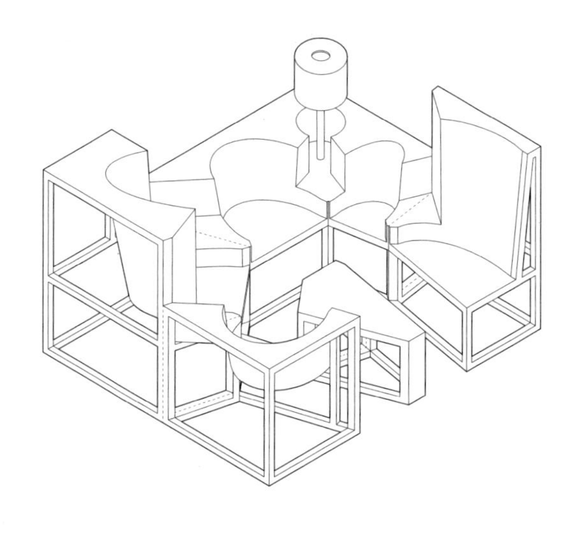

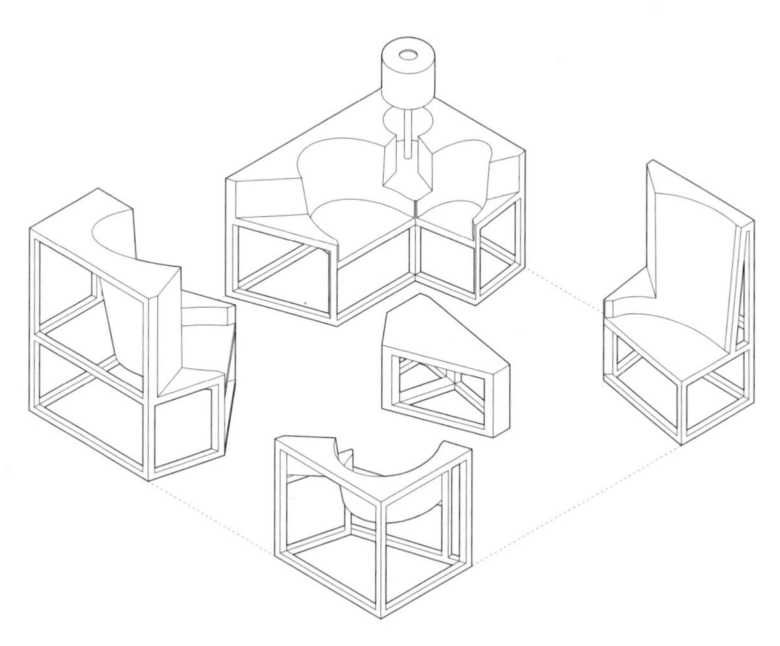

分解轴测图

正视

平面示意图

背视

正面——合

正面——散

侧面——合

侧面——散

胜景几何

关于人工与自然

虽然人类的文化都封闭于地球这一星体，但中西方文化的确有着重要的不同。“中国哲学是直觉性的，西方哲学是逻辑实证的。东方认同自然，人不过是自然的一种生命形式；西方认同人本，与自然对立。”这是阿城在《文化制约着人类》中的话。当然，他的本意是说在创作活动中的“限制即自由”——若没有建立在一个广泛深厚的文化开掘之上的、强大的、独特的文化限制，则不可能达到文学乃至所有艺术创作的真正自由。

不同文化制约着不同的人类。在我看来，关于人工和自然，不同的人类的确给出了各不相同的答案。

人工的自成

埃及法老的金字塔陵墓是巨大并具有精密几何性的人工造物，绝对独立于自然而存在，显示着人的强大与自立。或许可称作“人工的自成”。

在这一线索之下，我们可以找到两个伟大建筑师的身影：安东尼奥·高迪（Antonio Gaudi Cornet，1852-1926）和路易斯·康（Louis I Kahn，1901-1974）。

高迪的建筑（图 1）呈现出一种绝然不同于他者的气质，甚至令人感到与自然物的相似和靠近。但实际上，我们可以在集高迪建筑天才之大成的巴塞罗那圣家族教堂脚下的设计绘图室中，发现高迪的创作秘密：处处可以看到在精密的几何逻辑之上，建筑的形式、结构、空间、材料乃至色彩被神奇地呈现，令人叹为观止，几乎创造出一种接近上帝的人工造物。他是一个把人工的“自成”发展到极致的建筑天才。

路易斯·康的罗马、希腊、埃及之行成就了他伟大的后半生，他“发现了如何把古罗马的废墟转变成现代建筑”。面对一个项目，他首先质问自己“空间想要成为什么”，然后“秩序”不期而至，最后才是外向的“设计”——即切实地把基地、结构、材料、预算和项目的特殊要求考虑进来。“建筑源自原室空间的创造（Architecture comes from the making of a room）”。在他的建筑中，最基本的几何形体以精妙的组合而成为庄严而诗意的结构和体量，并带来卓越的光源照亮空间。“静谧与光明在此相会”。他是一个以完全的人工达致“自成”状态的建筑诗哲。

但在我看来，康的萨尔克生物研究所（图 2）似乎有些意料之中的意外。他听从了路易斯·巴拉干的建议，将夹持在两侧建筑之间的种满白杨的“苍翠庭院”改为一个在太阳轴线下面，一条中

1

2

心水道穿过，直通向太平洋的“石头广场”，虽然康宣称：“建筑就是自然不能创造的东西”，但是在这里，大海和天空成为建筑及其空间中的不可或缺。萨尔克是康的建筑中最打动我的作品，自然和人工在这里达到了一种“互成”的状态。

人工与自然的互成

同是皇帝的陵墓，清东陵（图3）十几座帝后陵寝呈现出与埃及金字塔完全不同的“风水”格局和理念：背北有靠山，面南是朝山及影壁案山，东西有两山左右拱卫，两条大河环绕夹流，川平如砥，正南还有两山对峙形成“谷口”。堂局辽阔坦荡，雍容不迫，天然的山川形势，对于镶嵌于其中的陵寝形成了拱卫、环抱、朝揖之势——真正的“天人合一”，人工秩序和自然之物相辅相成，相互依存而生，也或可称作“人工与自然的互成”。

在这一线索之下，我们还可以找到传统中国城市中的“礼乐相成”、园林中的“宅园并置”、聚落中的“栖居于自然”。

一个被精心制作的预制遮阳窗构件（图4），被置于平常无趣、到处可见的城乡结合部街景之中，此时一个动人的画面就将被呈现于观者的眼中，进而作用于内心而转化为某种微小而微妙的诗意。这样的空间诗性由代表自然的街景和代表人工的构件互动而成，它们彼此缺一不可。这是最简单的“人工与自然的互成”。

3

4

这是一种不同于“人工自成”的哲学，意在营造人工与自然之间的互动、衍化与互成，它们相互不可或缺、不离不弃，这样的整体可以成为人类更为理想的生活世界。

几何与胜景

在人工与自然“互成”的线索之下，“几何与胜景”成为我们逐渐明晰的实践方向。

“几何”，与建筑本体相关，是结构、空间、形式等互动与转化的基础。赋予建筑简明的秩序和捕获胜景的界面，体现人工性与物质性。

“胜景”，则指向一种不可或缺的、与自然紧密相关的空间诗性，是被人工界面不断诱导而呈现于人的深远之景，体现自然性与精神性。

“胜景”通过“几何”而实现，以建筑本体营造空间诗性。形而下的“几何”与形而上的“胜景”互为因果，最终“几何”转化为“胜景”。说到底，就是营造人工与自然之间的互成，它们所构成的整体成为使用者的理想建筑和生活世界。

人工秩序互动和衍化为几何

体现人工造物之秩序的是若干建筑的本体要素：结构 / 材料、形式 / 构造、空间 / 功能等，它们相互激发与转化，通过精密的几何逻辑整合为一体。这是一种由建造而带来的诗性。

在现代建筑的营造体系下，不能不说，高迪和康是我们的榜样。但以《营造法式》为代表的中国悠久的营造传统，也具有以几何为基础的结构、形式、空间等的高度同一性特征。

在中国的艺术乃至城市、园林、聚落的营造传统中，还有一种被不断重复用以组合而构成丰富整体的关键单元要素，或可称为“基本单体”，它也具有简明的几何性。例如构成住宅的“间”、构成园林的“亭台楼廊”、构成城市和村落的“合院”等，它们可重复，可组合；可依几何逻辑被切分，可依功能尺度变换大小，可依环境结构改变形式。

自然经人工捕获成为胜景

最具诗意的自然并非是纯粹天然的自然，而是被人工捕获、并与人工互动互成的自然。人、景、界面以及叙事、隔离物等，成为建筑本体之外的关键要素，貌似引入了一种新的体系，但却悠久而古老。建造的诗性将由此转化为空间的诗性进而为时间的诗性，最终转化为人与生命的诗性。

人，是其中最为关键的要素。人在建筑和自然构成的整体空间中，由外而内，由动观而静观，由外观而内观，由日常生活而精神观照，由视物而入神：因景物的深远意象而达致对宇宙和自身的化悟。人，在这里既是使用者和体验者，如同空间的观众和读者；又是设计者，如同空间的导演和作家。

景，是静态的被观照对象。可以是自然山水，也可是人工造物，甚至是平常无趣的现实场景，要点是与自然元素的密切关联，并被人工界面诱导、捕获与裁切。胜景，则是最具画意之组合——深远不尽之景。在中国的文化传统中，山水是形成胜景的最佳自然物——最易形成层层无尽的画面而与宇宙和生命相链接。

界面，位处于人与景之间，体现人工性和几何性，犹如画之“画框”，亦即心之“心窗”。界面的作用是形成画面感，使人意识到画面的存在，并反复出入画面：入画（戏）则自我体验，出画（戏）则反观自我，将自己（观画者）间离成为我与自然（世界、宇宙）之间的第三者，达致内外兼观，使自我通过感受无尽的空间世界而体验生命的无限。界面既可框点自然的美妙与宁静，也可裁剪现实的无趣或混乱。

现实的困境

当下中国建筑与城市建设的严酷现实是生活环境的过度人工化，将人们逐步推离往昔悠久的生活理想，人与自然心心相印的独特传统，被由上至下、从专业到大众集体放弃。我们的“千城一面”，早已不再是按《周礼 · 考工记》所营造出的生活与自然声气相同、相依相存的万千城市。于这样的现实之中，我们何以建构和修正当代生活的诗性世界？也有这样一种生活方式，是回归乡村，回到田园牧歌中去，但对于当代的现实生活和大多数现代人类来说，这只能成为“头脑中的乌托邦”。那么，该如何建构和修正现实的理想建筑和城市？我们如何在既成的城市和建筑中修正缺乏诗意的人工？又如何在将成的城市和建筑中营造面对自然的诗意？

以“几何”营造“胜景”的实践

在上述针对当代现实的自我设问中，我们尝试进行和正在进行一系列以“几何”营造“胜景”——以建筑本体营造自然空间诗性的实践以作回答。不同项目所处地域或城市中自然因素的多样性和唯一性成为设计的引发要素。我们企图在不懈的实践中表述对传统的敬意，对现实的改变，对一种文化及生活理想的回归。

北京的复兴路乙 59-1 号改造（2004-2007，p144），是我在中国建筑设计研究院的独立工作室成立（2003 年）后的第一个完成项目，当时正值国家体育场——“鸟巢”（2002-2008）赢得国际竞赛成为 2008 年北京奥运会主体育场实施方案，作为中方设计主持人，与 Herzog & de Meuron 自参与设计竞赛以来的密切合作，使我对于 HdeM 贯穿全程的研究式工作方式印象深刻。复兴路项目作为旧建筑改造设计，基于对原建筑较无规律的结构体系的仔细观察和研究，将其转化为外加的幕墙结构网格，作为立面及内部空间的控制系统，形成了有自身独立特征的结构、形式和景观。其核心空间是一处自下而上垂直延伸的游园式空间，不同透明度的幕墙玻璃既对应内部空间中人的行动、视线和外部的景观，又使城市中的建筑呈现出深邃、平静而丰富的气质。看似随意实则具有严密几何逻辑的幕墙网格及各种透明度的玻璃，构成了笼罩在空间中人之眼前的人工界面，将外部乏味喧嚣的城市街景裁切成一幅幅别有意味的静谧画面。HdeM 注重研究建筑表皮及内部空间之关联的设计表现方式，无疑对我亦有潜在的影响，但在空间设计中则加入了我一直以来感兴趣的园林式空间系统，使得人眼前的内外景观成为空间的主题，同时景观画面的形成则因表皮所形成的界面及其透明度而有丰富的变化。“表皮与空间”第一次被自觉及有意识地转化为“几何与胜景”。

与复兴路项目几乎同时开始、位于四川千年古镇——安仁的建川文革镜鉴博物馆暨汶川地震纪念馆（2004-2010，p54），园林及景观的要素和主题被进一步强调，博物馆的主体展厅就是一个被包裹于外围商铺之内的、迴环转折、游走停留的“复廊”式空间，而“复廊”在东、南、西、北、上、下的端部“亭台”则收纳捕获了不同方向的街道及天空和小巷地面的景观；线性的廊式空间中因在转折节点处加入的“旋转镜门”及其旋转对光线的作用而产生了变幻多端的“虚像”景观；当然，复廊与多个庭院之间亦有行动、视线和景观的关联。不同方位的六处“亭台”空间，以长宽高均为5.6米的空间六面体为原型，朝向所面对的景观进行不同的“张开”动作，形成各具特点的空间界面；“复廊”展厅的潜望镜式筒状空间及其镜像作用下的虚拟延伸所形成的虚实空间界面，将空间中的现实景象与人的活动以及镜中虚像捕获于人的视线和心理之中。外墙的表皮材料由内青、外红两色页岩砖拼砌而成，并因“花墙”孔洞和建筑师特别研发的“钢板玻璃砖”而产生了墙体透明度的变化，以对应内部功能的私密及开放程度。对比钢筋混凝土，砖材料的使用及开发在现代施工水平落后的四川小镇实现了很好的效果。但在此，表皮的处理与“界面”的安排关系并不密切，成为相对独立的元素。

缘起于 Art AsiaPacific Magazine 和 People's Architecture Foundation 邀请加入的“Building Asia Brick by Brick ”活动，我开始使用著名的儿童积木玩具“乐高”制作装置作品（p108）：乐高 1 号（2007 ）和乐高 2 号（2008 ）。乐高 1 号直接取材于著名的江南园林——留园中的太湖石“冠云峰”，乐高 2 号则将明代《素园石谱》中的“永州石”经由一系列二维转化为三维的方法建造而成。两个取材于中国文化中的重要象征物——山石的乐高作品，有一个共同的主题——“瘦漏透皱”。“瘦漏透皱”通常被作为中国古典园林中至关重要的太湖石的评判标准，其实也完全可以构成对现代建筑质量的评判：“瘦”描述了建筑的外形或形体，“漏”描述的是内部的空间变化，“透”描述建筑中的取景，而“皱”则可描述材料和肌理。这一对作品介于人工和天工、建筑和非建筑之间，表达了中国文化中特有的人与自然融合相通的哲学和生活理想。它们像石，又似山，像两栋复杂的建筑，更像两座未来的超级立体城市。而如此复杂的形体、空间、肌理和景观意象，则完全由单一重复的乐高砖块用最简单的连接方式“砌造”而成，给人留下非常深刻的印记。

2008 年，接受第 11 届威尼斯国际建筑双年展中国馆策展人张永和教授邀请设计参展作品时，正值四川 5 · 12 汶川大地震发生，而我正受邀在美国讲演访问。电视画面中大量灾区房屋瞬间倒塌，而现代的混凝土建筑虽已被摧毁成为废墟，却仍然造成救援其下方灾民的极度困难。于是我想到用身边易见的材料代替乐高，用积木式的砌造方式建造一座“轻房子”。最终以我所在的大型国有设

5

6

计院日常输出图纸用的纸箱为“砖”，以日常打印设计图纸剩余的打印纸轴（纸管）为“梁板”，从而用纸材料在威尼斯军械库处女花园建造起一所可供坐卧起居等“日常生活”的纸砖房（2008）。一方面，纸砖房使用的轻材料和“减震”式的基础构造，意味着应对自然的不同方式和建筑另外的发展方向：以柔和的方式应对自然的轻型建筑，而非以抵抗的方式应对自然的重型建筑。另一方面，纸砖房使用了令人目眩的大量图纸箱和打印纸轴作为“标准”砌筑材料和构件，在暗示着当下中国生产式输出的建筑设计状态的同时，也提示应对中国大量、高速的建设项目时，或许使用某种单一、重复的元素作为单体及材料构件，可以成为较为理想的建筑质量控制策略之一。

北京地铁昌平线西二旗站（2008-2010，图 5），成为随后的“轻型建筑”实践项目。源于折纸艺术的造型，两个矩形的筒状 PTFE 膜结构呈现出轻盈、通透和韵律感。膜材本身也有一定的结构作用，自身的张力和钢结构之间形成一种结构的复合作用。在晚上建筑里的光线可以透射出来，让空间变成一个半透明的发光体，而白天阳光可以照射进去，空间变成一个透光体。膜材像折纸一样的转折在光线作用下让人感受到奇妙的雕塑感。在这样由折纸一样的半透膜结构以及光线共同作用下产生的空间界面中，穿行列车以及车站中匆忙旅行的人们成为特别的城市之景，这个不大的建筑也带给人每天回家的温暖感。它以“弱”和“轻”的方式以及温柔的姿态显示它的存在。

2008 年还曾发生过一次“海之贝”风波，我们工作室完成的深圳湾体育中心竞赛方案（2007-2008，

7

8

图 6），在被业主通知中标后不久又被宣布取消实施而改换另外的方案。在我们的方案中，30 万 m^2 的体育场馆设施更大规模地采用了不同类型的膜结构。项目得而复失令人心痛，于是有了后来的海南国际会展中心（2009-2011，图 7、8），同样是在海边，采用了与“海之贝”相类似的几何构型，但结构与材料已由膜结构改换为钢网壳结构。在这个大跨度大空间的建筑项目中，建筑中“形式、结构与空间的同一性”被特别强调。海南会展中心规模巨大，但建设周期却只有一年半，加上其他方面的原因，建筑实施过程非常累人，而最后的总体完成度并不高。

2010 年开始设计的元上都遗址工作站（2010-2012，p156），是锡林郭勒大草原上的一个小建筑，位于世界文化遗产——元上都遗址的入口处，它被进一步化整为零，成为大小不一的若干圆形和椭圆形坡顶的小小建筑，又按使用功能被分类组合及相互联接，形成一群彼此呼应的小小聚落。这组小建筑朝向外侧的连续弧形界面，罩以白色透光的 PTFE 膜材，带来轻盈和临时之感，似乎随时可以迁走一样，暗合草原的游牧特质，同时表达了对遗址的尊重；而建筑朝向内侧的部分，其坡顶弧形体量在严密的几何规则控制下被连续剖切，形成连续展开的、呈曲线轮廓起伏波动的折线形内界面，并暴露出膜和混凝土两种结构。这个具有强烈动感和自由感的人工界面，对话于苍茫的自然草原和静谧的遗址景观。“几何与胜景”的设计思想因这个小项目而被清晰和明确。

9

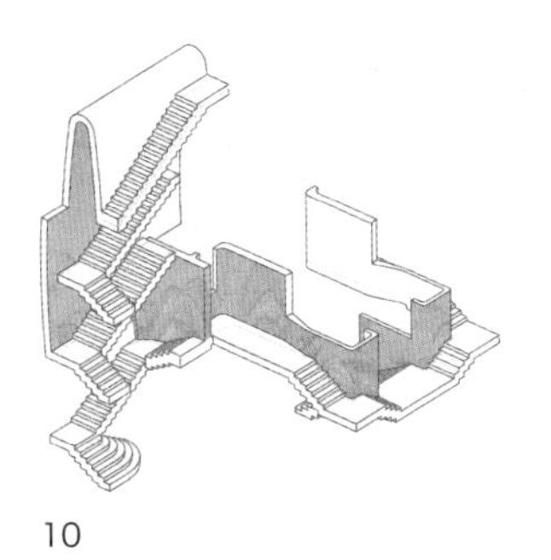

10

唐山“第三空间”（2009-，p74），由海滨、草原的自然地景回到密集人工化的城市环境，其主体是位于城市中心区域的两幢百米高层建筑，76 套复式单元与下方的公共部分共同形成具有完善生活设施的商业综合体。在每个复式单元内部，连续抬升的地面标高，犹如几何化的人工山地，容纳从公共到私密的使用功能，在多样的空间变幻中形成静谧的氛围。所有复式单元在垂直方向并列叠加，对应的建筑立面悬挑出不同尺度及方向的室外亭台，收纳下方和远处的城市及自然景观，并形成繁复密匝的“垂直城市聚落”意向，使建筑的空间和形象与城市景观产生因借和互动。

与 1976 年大地震几乎被夷为平地后、短短 30 年间拔地而起的新人工城市——唐山不同，绩溪，这个位于安徽黄山东麓的古镇，具有千年以上的历史，是古徽文化的核心地带，其得天独厚的山形水势、风土人文、村镇格局成为绩溪博物馆（2009-2013，p172）的设计之源。整个建筑覆盖在一个由“屈曲并流，离而复合”的经线控制的连续屋面之下，剖面的的组合变化导致起伏的屋面轮廓，是对绩溪古镇周边山形水系的演绎、展现和呼应。为尽可能保留用地内的现状树木，设置了多个庭院、天井和街巷，是徽派建筑空间布局的重释；水圳汇流于前庭，成为入口游园观景空间的核心。按特定规则布置的三角形钢屋架结构单元（其坡度源自当地建筑），成对排列、延伸，既营造出连续起伏的屋面形态；又直接暴露于室内，在透视作用下，引导呈现出蜿蜒深远的内部空间。

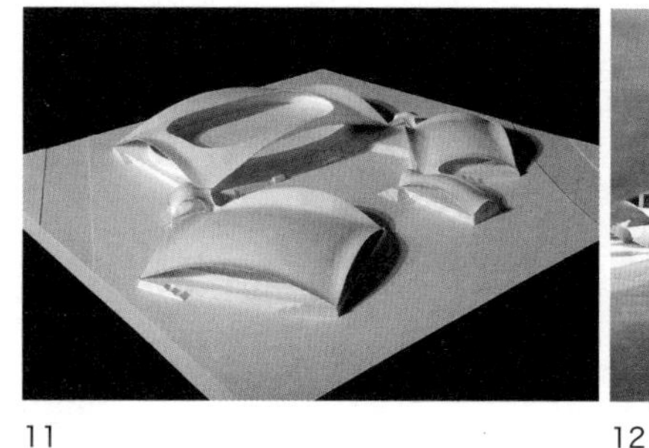

11

12

即将开工建设的中国驻西班牙大使馆办公楼改造（2011-，图 9、10），在内部改造和结构加固的基础上，重塑了内部空间和建筑外观。内部由一套自下而上的完整公共空间体系作核心，以楼梯、廊道和“景墙”为焦点元素，串联各层，将空间上下贯通，并营造出不断变化的光线和场景，景墙采用西班牙传统石材马赛克拼贴工艺，以像素化手法再现著名的《千里江山图》长卷，引导人在空间中的视线和行动。为解决日晒问题，外部采用一套基于结构模数和开窗尺寸的预制 GRC 立体遮阳构件，它们就像一个个小建筑，以相同的几何规则生成体量——外大内小两个矩形之间无缝连接一个以电脑自动生成的“极简曲面”，在内部空间中人的眼前，将呈现出一幅幅神似三维的中国传统“景窗”画意，由构件的几何界面通过透视作用捕获外部街景而成。同时，构件排列于立面而构成了建筑外部的雕塑感，也以此向西班牙天才建筑师高迪致敬。

已完成施工图设计但因故暂停施工的吕梁体育中心（2013-，图 11），可以说是元上都遗址工作站的放大版，也是另一个重大设计竞赛方案——新疆“第十三届全国冬运会场馆”（2012，图 12）失利后的延续之作。作为“造城运动”的一部分，这个体育中心位于规划中的新城中心区域，两侧分别是少水近涸的河流和黄土高原的丘陵山脉。巨大体量的“一场两馆”，以著名的“反向悬挂实验”

13

辅以数字扫描找型、并以严密几何方程计算确定，生成彼此联接的抛物面拱壳结构，形成群组的开放式围合界面，与用地内保留的余脉山体相插接，并将外部连绵壮阔的山景因借收纳于这个巨大的外部空间。建筑形体如山脉一般连绵起伏，也形成未来城市中与自然景观相呼应的人工地景。

即将完工的天津大学新校区综合体育馆（2011-2015，p196），是一个室内与室外、地面与屋面一体的“运动综合体”。将各类运动场地空间依其平面尺寸、净高及使用方式，以线性公共空间串联，空间规整而灵活，一系列使用于屋顶和外墙的直纹曲面及圆弧形状的混凝土拱带来大跨度空间和高侧窗采光，并形成沉静而多变的建筑轮廓。在这个项目的设计中，我们尝试强调在几何逻辑控制下对某些建筑基本单元形式和结构的探寻，并重复运用和组合这些单元结构以生成特定功能、光线及氛围的建筑空间，并与学生的日常活动和校园景观产生互动。

最近开工的玉环县博物馆和图书馆（2013-，图13），位于浙江台州的海岛——玉环的填海新城区。玉环老城的坎门一带空间极具特色，以隧道—山—港—湾—海峡—对景岛的元素，构成了极具本地渔港特色的空间形态。于是我们在新区两馆及其所在城市公园近乎“荒芜”的环境中移植了坎门渔港的空间形态，并将两组建筑结合景观设计共同形成“山水之势”，在形成两条独立使用流线的同时，

14

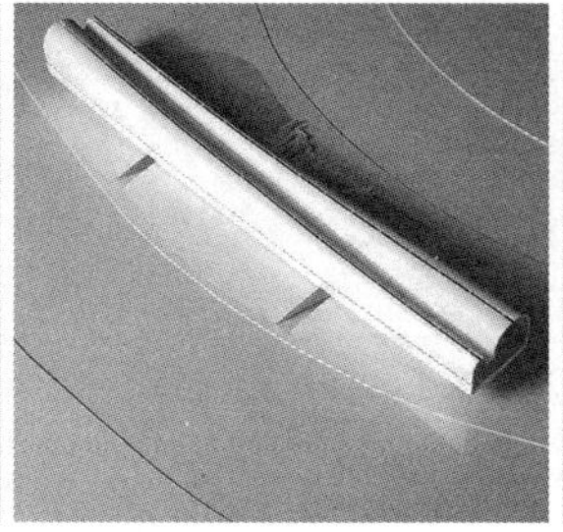
15

16

营造了具有空间层次的环境空间。在这个项目中，我们再次探讨了对建筑基本单元及其组合以生成建筑和组群空间的研究。由一种反曲面的混凝土悬索结构和一种类似形式的大跨度鱼腹梁结构，作为基本结构和功能、空间、形式单元，在水平和垂直两个方向被反复组合、变异、联接与围合，以对应功能、行为、地形、观景及造境的需要。在形成独具特征的室内无柱空间和室外群组空间的同时，将一处全无特征的填海区域自造成建筑与水景及建筑之间互动互成的、世外桃源般的"人工山水"，并借来远处的自然山水，合之以为"胜景"。

正在建设进程中的通辽美术馆（图 14、15）和蒙族服饰博物馆（2014- ，图 16），位于通辽市新城区孝庄河畔，临河而建。美术馆呈现出一种轻盈姿态，凌驾于河湾之上，建筑主要空间其实是一组由地面缓缓翘起架高的复廊——即平行的一大一小、空间剖面相互渐变的双拱廊，犹似两端摄取风景的双筒望远镜，以中间混凝土夹壁墙作为主要支撑构件（也是垂直交通空间和设备空间），上部承托双廊钢结构。服饰馆则指向辽阔博大的草原和深沉雄厚的蒙古人气质，三组双拱薄壳结构单元相对组合，下沉俯卧，面向河面的方向旋转角度形成开口，作为主入口及观景厅，观演厅和茶

“胜景几何”微展

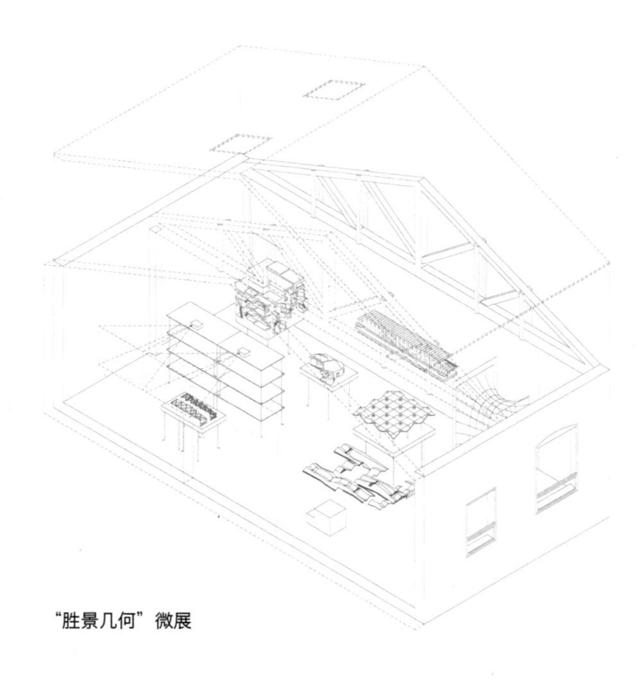

“胜景几何”微展

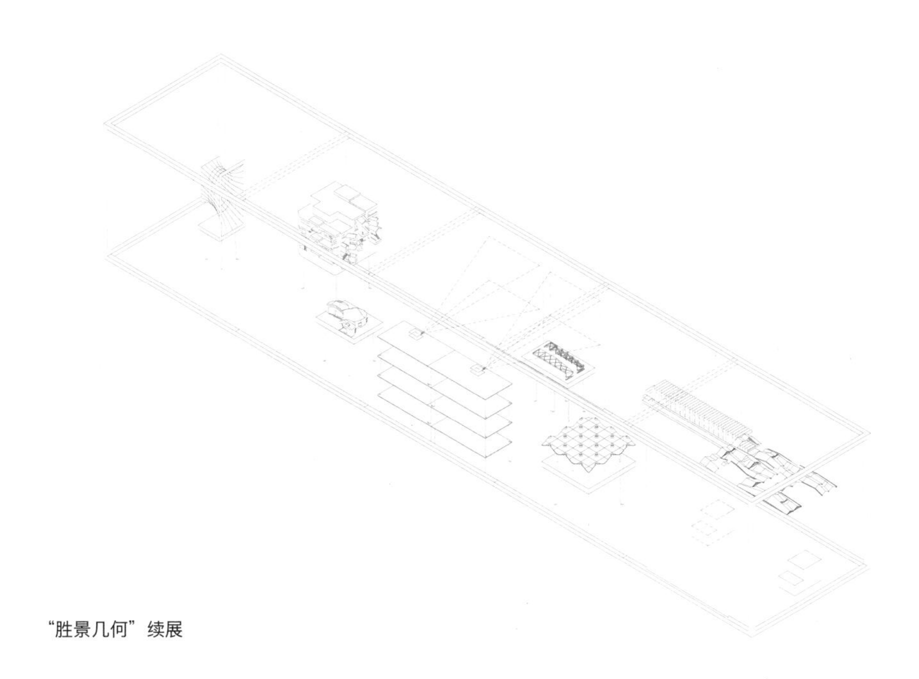

“胜景几何”续展

室所在的双拱单元朝向河面通透开敞，亦呈空间与风景渗透契合之态。两馆均以相对几何化的操作和造型，与环境有着适当的反差，但可更显示出自然的特征，强调建筑与地景互动相生的存在感。

在以上的建成或即将实施的项目中，从最初的草图、构思，到详细的设计，再到细部和实施过程，我们着力于每个建筑设计中的“几何”之经营——形式、结构、空间及其互动状态，以及“胜景”之营造——建筑本体与自然或人工之景之间所形成的空间互成状态，体现着既定方向上的持续追求。

胜景几何？

这既是我们工作的方向与内容，也是对当下现实缺失之诗性的质疑，亦是对自己关于理想世界营造之努力的省问。思考仍在继续，实践仍在进行。

[原文发表于《城市·环境·设计》(UED)，2014年01期(总079期)，文字及插图有删改]

复兴路乙59-1号改造

北京，2004-2007

摄影：张广源　付邦保

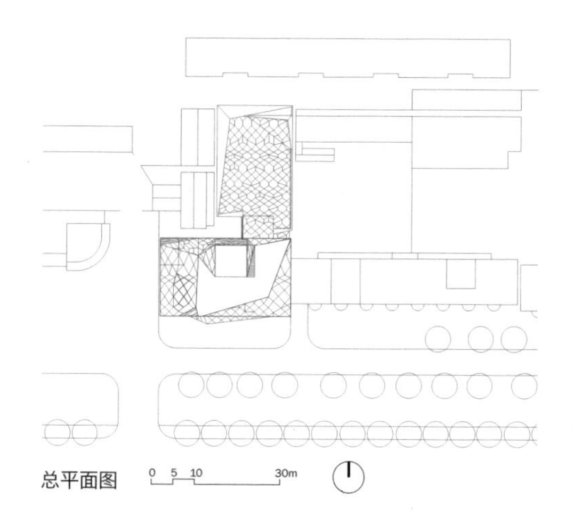

总平面图

在众多当下中国建筑乃至国际建筑界炙手可热的关键词中，“表皮”无疑是其中颇受青睐的一个。自始作俑者 Herzog & de Meuron（以下简写为 HdeM）以此打开局面确立风格并获得声誉（包括普利茨克奖）以来，“表皮建筑”（Skin Architecture）成为众多建筑师的最爱，大家几乎一夜之间发现：单单通过各种各样的“表皮”(Skin) 的设计，就可以彻底改变一个建筑，至少是改变了其外在的形象，于是建筑师在纷纷尝试表皮设计的同时也以之来评判他人建筑作品的水准高下。而 HdeM 众多高质量“表皮建筑”的工作中至少有三点可能被人忽略了：1. 建筑中的“表皮”只有经过大量的研究、试验甚至发明，才能体现出极高的艺术创造性和建造质量；2. 作品基于建筑师对环境、功能、空间、材料、光线等建筑基本要素的深入思考和表达，而不仅仅是一层简单的“皮”；3.“表皮”也在发展——东京 Prada 专卖店中，HdeM 尝试把结构直接作为建筑的“表皮”，而类似的做法则在北京国家体育场“鸟巢”中成为重要的设计理念——“结构即外观”，姑且称之为“结构化表皮”（Structural Skin）。

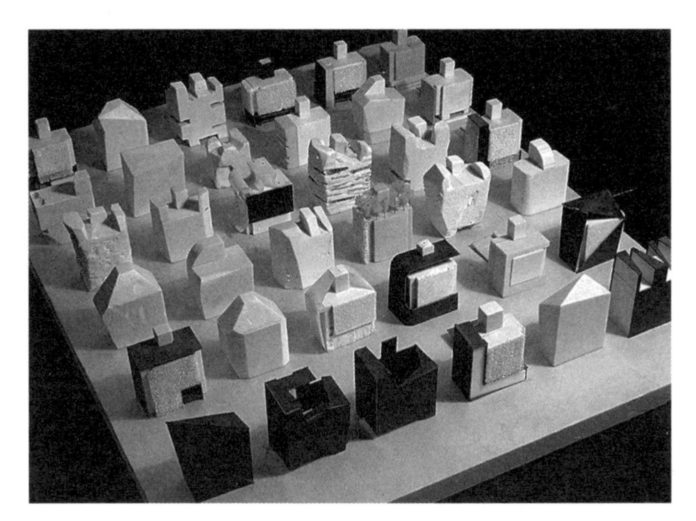

前期模型

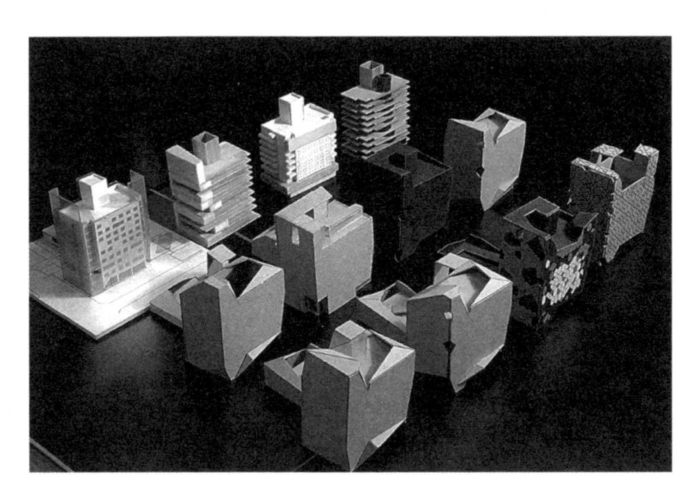

前期模型

街景

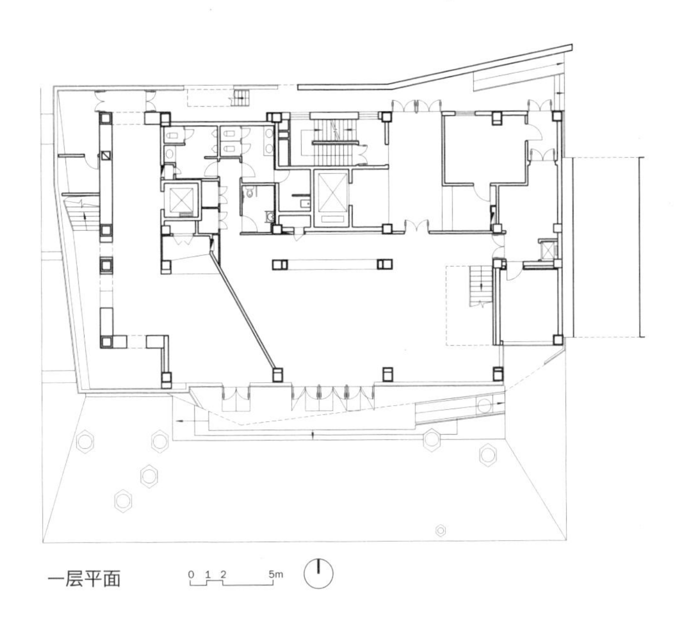

一层平面

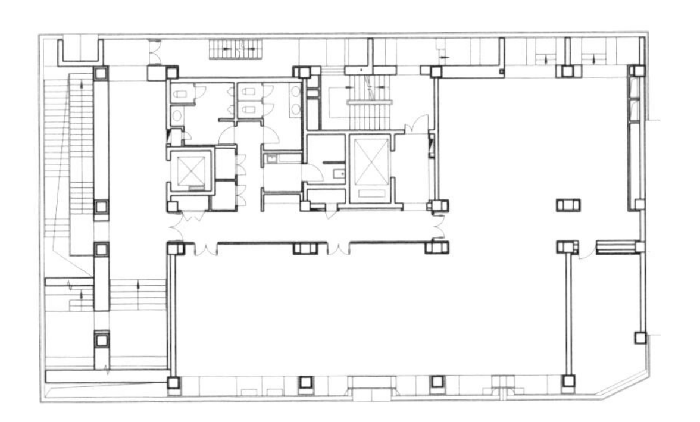
标准层平面

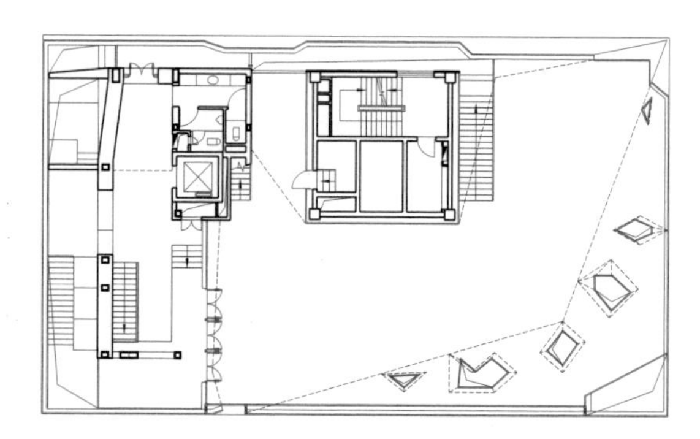

屋顶平面

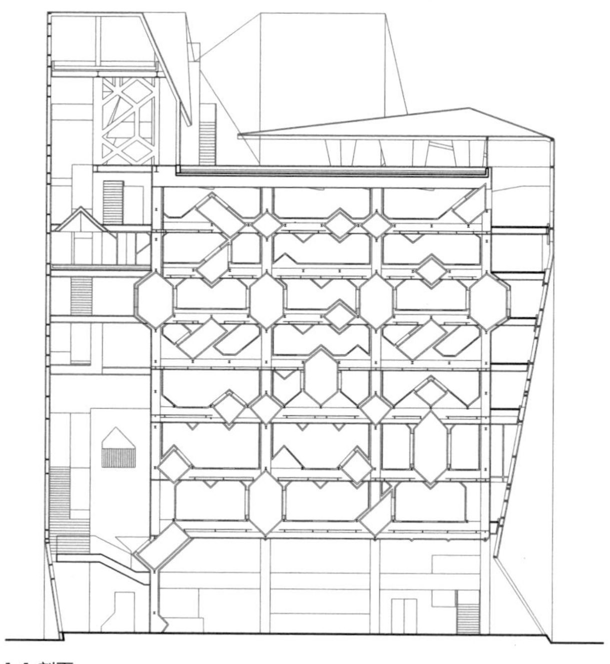
1-1 剖面

复兴路乙 59-1 号改造项目自竣工以来，给人一种强烈的流行性“表皮建筑”的印象，也听到各种的议论。由于建筑被整体出租，而租用者使用的方式与设计时的初衷不符，并且改变了部分功能和内部空间、材料，使得原来的设计内容被部分地掩盖，人们更加难以得窥全貌。事实上，本文所要阐释的并非否认这是一“表皮建筑”，而在于介绍这项工程的建造背景过程，同时重点说明其表皮与内部空间的紧密关联，这些关联背后对应的功能、景观和人的行为逻辑，以及由此而来的材料和构造缘由。

此项目位于长安街西延长线复兴路北侧，原是一幢 20 世纪 90 年代初期建造的九层钢筋混凝土框架结构建筑，东侧与一栋九层住宅楼相连，北侧是内院兼作停车场（内院北侧是住宅），西侧是一个宾馆和加油站，南侧面对复兴路。业主的要求是：在保持原有建筑高度、结构、设施基本不变的基础上，对功能、空间和外观进行整理改善，将其改造为集餐饮（一至二层）、办公（三至九层）、展廊（西侧一至十层）为一体的小型城市复合体。

这一建筑改造的设计原则是强调基于场地环境和原有建筑自身的结构逻辑。

首先是改造后建筑体型的确定，它基于原来基本的方形体量，并结合周边环境和日照关系进行局部的切削和增长，修正原来建筑自身体型的不完整。考虑的重要元素有：控制改造后的建筑顶部体型不要加剧原来对北面住宅的日照遮挡；东侧与相连住宅在形体上的过渡连接；顶部与东侧住宅屋顶电梯机房水箱间在形体上的呼应；与西侧相邻宾馆及加油站形成小广场相对应，在下方建筑形体角部的切削处理等。

然后是改造后建筑外幕墙的框架网格的生成，它基于原有建筑的结构体系，并用来作为立面及内部空间的控制系统。由于原来的九层建筑中多样的使用功能——一层商业、二至四层办公、五至九层公寓，导致了自下而上的不规则层高分布和从左至右、由前到后的变化多样的柱距和柱网，因此这个建筑呈现出一个不规则的立体结构体系。而按照合理的结构受力原则，固定在原有框架结构上支撑幕墙的钢网格节点（即钢网格交叉点）应与原有结构节点一一对应（即立体的梁柱交叉点），这样就根据原有结构轴网和层板梁位置确定了幕墙框架的基本轴线和网格结构，以利于幕墙结构与原框架结构的连接；再根据结构跨度将基本轴线网格三等分，形成了幕墙框架的次级轴线和加密的钢网格结构；又考虑幕墙玻璃下料规格和业主企业 LOGO 等因素加入局部的联系框架，最终形成了完整的立面幕墙框架网格体系。由以上的描述可以看出，貌似不规则的幕墙网格实际是原有建筑结构框架的体现和强调，既符合改造加建的结构逻辑，天然地反映着原建筑的基本状况，又形成有自

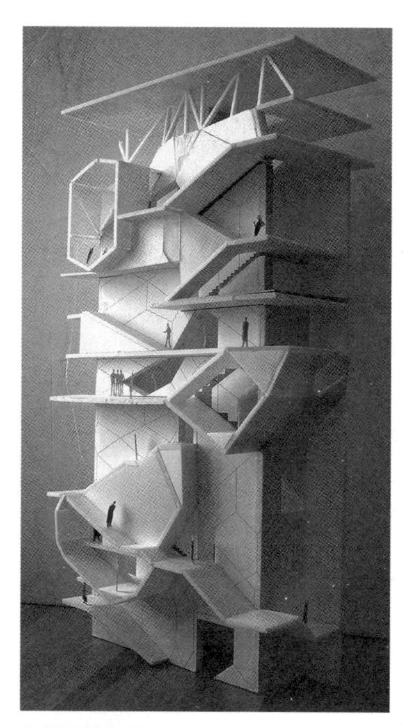

立体画廊剖面模型

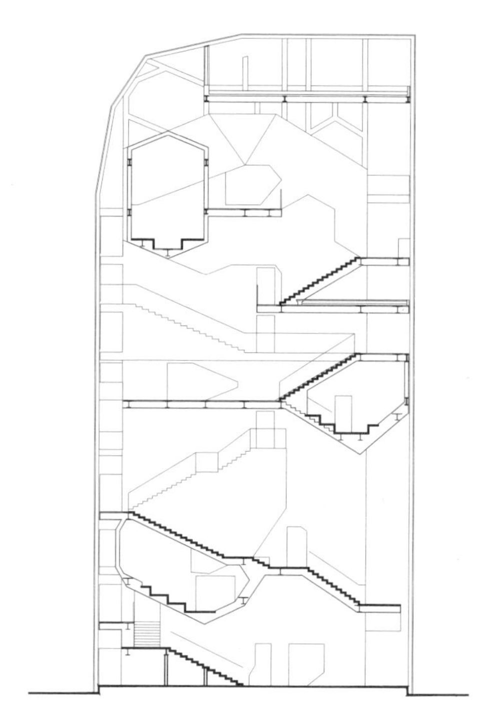

2-2 剖面

身独立特征的结构和形象语言。

下一步的工作是将已生成的外部幕墙网格立体化和空间化，在不同朝向形成不同进深和特征的内部空间。根据建筑不同方向的现状情况，幕墙由原框架结构分别向外悬挑不同尺度的空间，以配合不同的使用和景观要求，悬挑的空间形态基于幕墙网格，使得网格被立体化和空间化。南侧由于建筑红线和结构柱的限制，可延伸的网格进深最小——0.85m，结合柱子和窗洞窗台、采暖管线的处理把网格所形成的凹龛设计成室内的固定座椅和室外的通风窗。北侧可延伸的网格进深是 1.85m，形成了办公区外围不同尺度和景观的休息区。西侧的进深最大——达到 6.55m，改动也最大，把原来的露天消防楼梯扩展改造成一个拥有十层高度的立体画廊，不同高度、位置、形态和景观的展厅和平台被多样的楼梯和台阶联系起来，由一层可一直延伸到顶部局部加建的十层及屋顶平台。画廊内部的悬挑实体部分和剩余虚空部分的多样形态，其实完全基于被进深空间化的幕墙网格，并可被视为一个垂直方向游赏的园林：在这里，有垂直延伸的楼梯和水平布置的展廊形成的“廊”，也有分布在不同高度和位置的“亭”；可以领略到不同高度上的内外景物，也可以体验曲折多变、空间开阖的繁复过程。可游、可驻，步移景易。

最后才是“表皮”的处理，覆盖在外部网格上的建筑表皮——幕墙玻璃，对应内部功能和空间的不同，选用了具有四种不同透明度的白色彩釉玻璃（全透明、70% 透明、30% 透明、不透明），这样形成的“不均匀透明度表皮”，既控制着光线在建筑内外的投射和透射——日间透进不同强度和柔和度的阳光以塑造不同氛围的室内空间，夜间透出不同强度和柔和度的灯光以塑造包容不同通透表面的室外形体，也左右着人的视线在建筑内外的驻留和延伸——室内人的视线由于不同的透明表面时而向内留驻展品和空间，时而向外延伸得到不同清晰度的城市景物，而室外人的视线则由不同的透明表面留意到建筑内部的不同景象。不均匀的透明度加上全隐框幕墙做法，使得建筑呈现出平静、柔和、内敛而又丰富、暧昧的气质。

建筑形体——外部平面网格——立体化的空间网格——不均匀透明度的同一材质表皮。至此可见：此项目的改造中，表皮是最后产生和被处理的，通过立体化网格而与内部空间和功能乃至行为、景观产生密切的关联，而关键的外部网格则完全基于原有的结构体系、受力原理和材料规格等的逻辑性作用。在这里，设计者企图获得的是一个“表皮建筑”的“空间化表皮”（Spaced Skin）。

改造工程还将北侧内院改建为带顶车库，其顶部扩展成可利用的平台庭院，主体建筑顶部也被利用作为由立体画廊延伸出来的屋顶庭院，两个室外平台均结合了建筑的采光构件使之成为有特色

立体画廊内景

立体画廊内景

的景观元素。

在设计施工的过程中探索成熟技术和材料的多种表达方式，并注重与生产厂家的密切合作是非常重要的。几乎所有的重要部位均制作 1:1 的实体模型，这对控制最终效果非常有益。

（原文发表于《建筑学报》，2008 年 12 期，作者：李兴钢、张音玄、付邦保，文字及配图有删改）

元上都遗址工作站

内蒙古正蓝旗，2010-2012

摄影：张广源　李兴钢　李哲

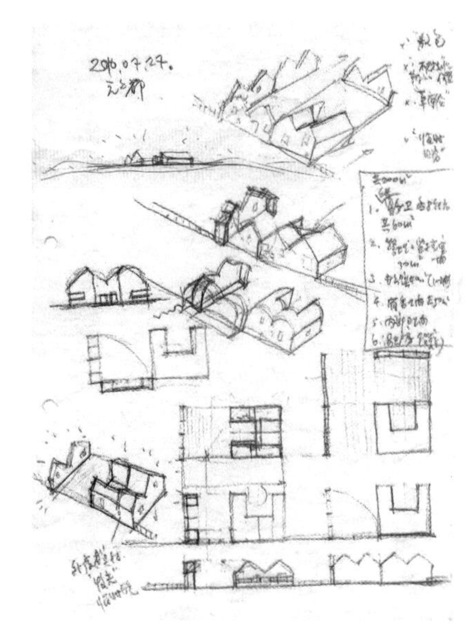

前期草图

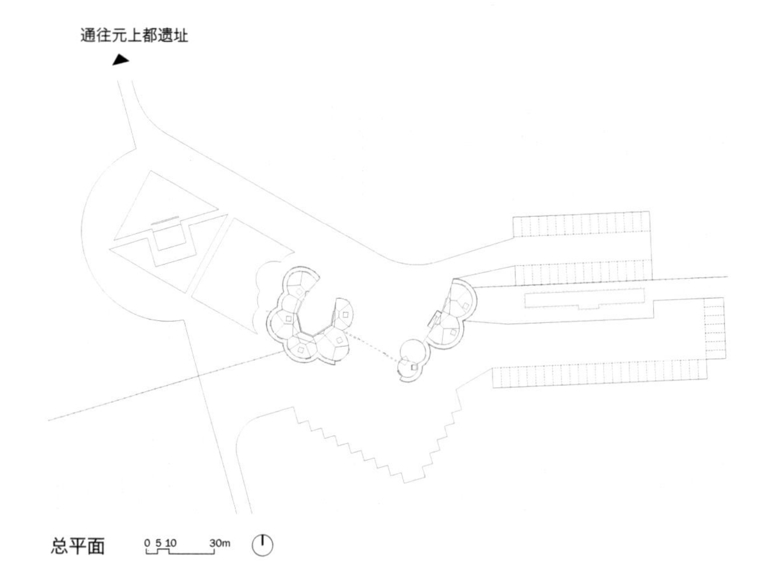

总平面

远望

设计由问题开始

元上都遗址工作站这个面积仅 410m^2 的小项目，从设计到施工完成，经历了整整一年的时间。它实际上是为配合元上都遗址申报 2012 年世界文化遗产而重设的遗址景区入口配套服务设施，“工作站”这一名称是在建成后由当地人们的称呼得来。工作站规模虽小，却因与申遗工作紧密相关而变得意义重大，此时我们做出的每一笔“设计”也会为此变得严肃甚至谨慎。

设计的开始，是一个关键问题的提出和思考：元上都遗址需要一个什么样的工作站？这是一个首先面对却无从回答的问题，随着对遗址的逐渐认识和设计工作的缓慢展开，这一显得飘渺的问题本身也在渐渐被具体化而清晰起来。

草原都城遗址

元上都遗址是元代的一座草原都城遗迹，尽管建址已经七百多年，但今天从航拍图上仍然可以辨认出元上都的外城、皇城和宫城的轮廓，保存非常完整。遗址的城墙由黄土夯筑，外面包砌砖石，砖石随着时间的流逝剥落，散落在现场，成为遗址的残迹，与草原相融合，形成现在的景致。正是这些残迹的存在，使得锡林郭勒草原与其他草原不同，除了广阔和优美之外，更多了一种雄固和苍茫的气质。

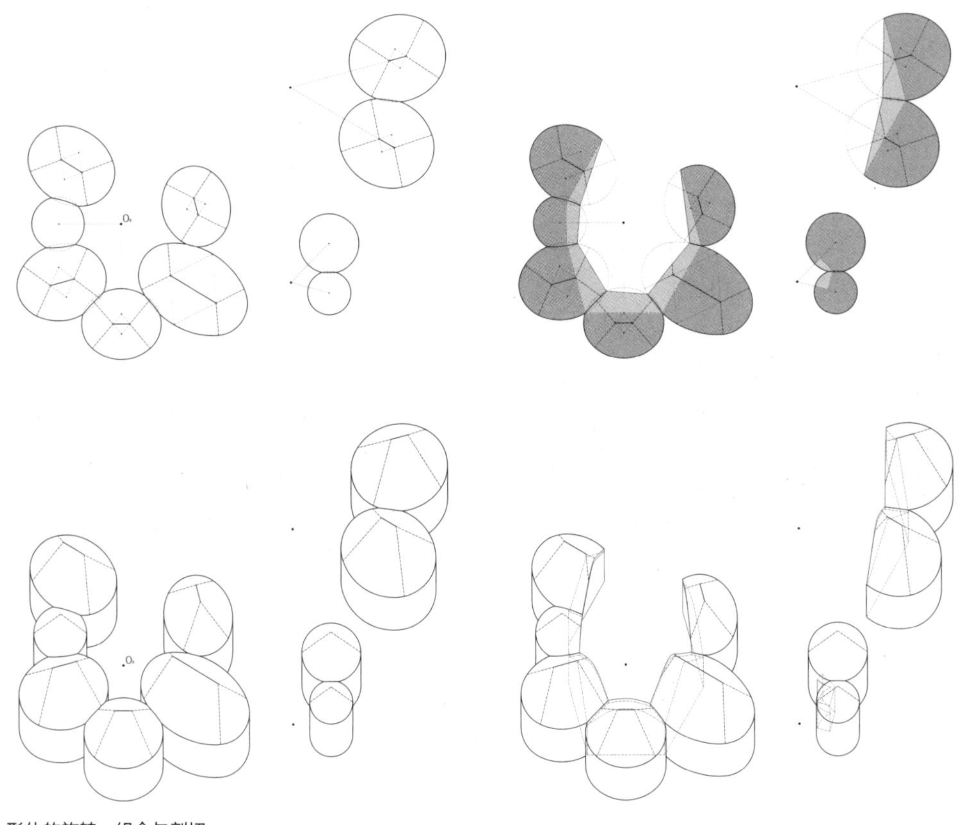

形体的旋转、组合与剖切

建筑与环境的匹配图景

元上都遗址最外层的外城尺寸是 2km 左右见方，最内层的宫城尺寸是 600m 左右见方，遗址工作站的基地即选址在位于遗址之南的景区现状入口处，距离遗址明德门往南约 1.5km。工作站需要解决遗址景区售票、警卫监控、管理办公、休息及游客公共卫生间等功能需求。渐渐地，问题转化为：面对这样一个宏大的自然环境、厚重的人文环境和永固的历史环境，我们应该呈现一个怎样与之相匹配的图景？当我们把目光投向生活在这片土地上的人们和他们的建筑，那些经过时间积累而留存下来的与自然相处的方式和智慧给予了我们启发。

于是，最早的一张草图显示，建筑将以一种小的、轻盈的和具有临时感的形式来回应所处环境的宏大、厚重和永固。接下来面临的，便是要以何种建筑的方式来实现这一图景的问题。

体量和布局

最初，建筑被设计为一个完整的体量，显得过大；后来尝试将体量打散、变小，进行多样的组合；最终选择这样的布局模式：一大一小两个庭院的围合，分别对内和对外，满足功能上内部管理和外来游客的需要。这组小建筑的体型还经过了一轮由方（长方）变圆（椭圆）的转化。

形态操作与几何构型

在具体的形态操作上，对应不同的功能，设置若干长短轴不一的椭圆形和半径不一的圆形，并确定相同的肩部高度和 35° 的屋顶坡度。它们中的一部分保持平面原有角度，一部分平面旋转 60°，另一部分平面旋转 105°。再分别生成对应的椭圆体和圆形体。这些形体的组合看似随意，实际是在严密的几何控制下进行的。

内侧的剖切

在朝向庭院的部分，圆形和椭圆形的组合形体被连续地剖切，平面上的两条切线是分别顺次连接相邻的椭圆形或圆形的两个交点生成的。内侧的切线，成为墙体；外侧的切线，成为檐廊。经剖切后的组合形体，形成了连续展开的折线形墙面，并产生了意想不到的弯折曲线形檐口和顶部为弯折曲面的连续檐廊。这一折线形的内界面部分原设计采用清水混凝土做法。

外侧的覆膜

为了加强表达轻盈和临时感，在建筑朝向草原的外侧连续弧形界面，包覆了一层 PTFE 膜。膜由规律地固定在混凝土外墙上的撑杆支撑。膜材白色半透明的织物质感，能够引发蒙古包的联想。在膜与混凝土之间的空隙，隐藏有结合撑杆布置的灯管，将在夜晚发出白色的微光，更显轻盈，似乎随时可以迁走一样，暗合草原的游牧特质。遗憾的是，灯光的设想目前还未能实现。

基地南侧看工作站

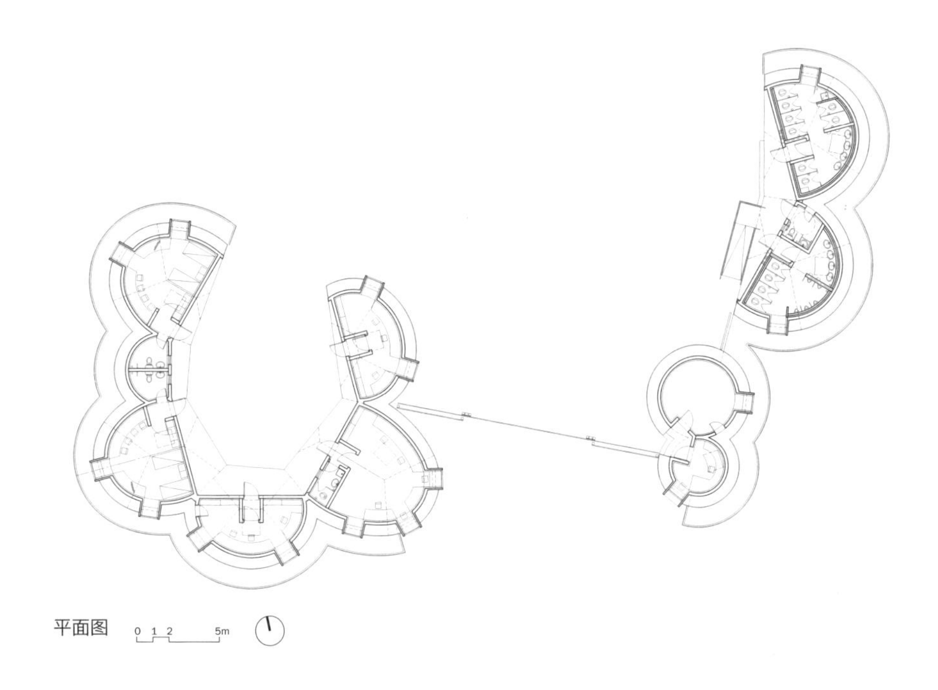

平面图

不被建筑干扰的遗址视线通廊

在通向遗址的道路上，只放置了一个刻有“元上都遗址”题字的石碑，而把建筑、雕塑和其他辅助设施都偏于道路东侧，以留出面向遗址的景观视线通廊。当游客沿着这条道路行进，他的视线和镜头中可以只出现遗址本身，而不被其他实体干扰。

功能关系与组织

建筑在平面布局上，围绕两个庭院来组织功能。对外的庭院一侧是游客卫生间、售票处及储藏间，对内的庭院则由警卫监控室、两间办公室、两间宿舍及卫生间来围合。

从建筑的立面图和剖面图，可以看出建筑的群体关系。

构造与细部

对构造和细部做法特别是膜和混凝土结构之间的交接关系也进行了仔细研究。外部的膜材与内部的混凝土墙体及屋顶之间的中间空腔为750mm，钢筋混凝土外窗和天窗都是凸出于膜材表面。同样为使建筑显得轻盈，膜材并未落地，而是收止于距地350mm的高度。

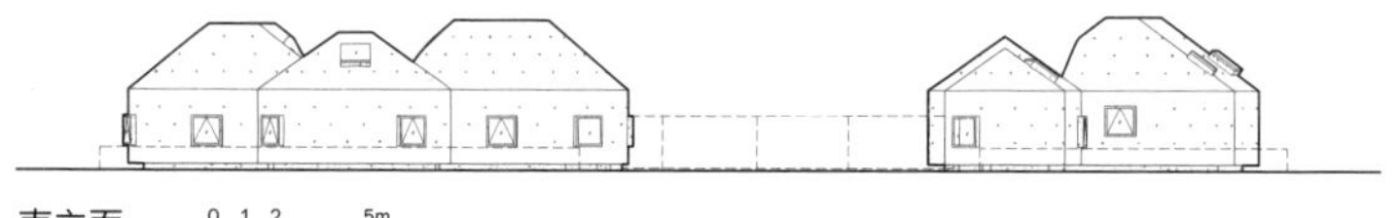

南立面 0 1 2 5m

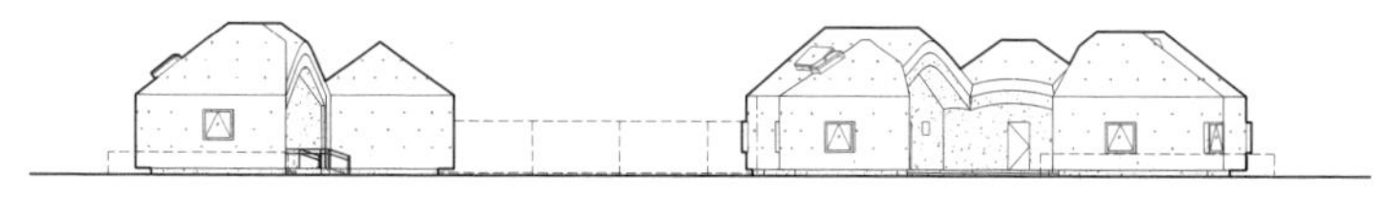

北立面

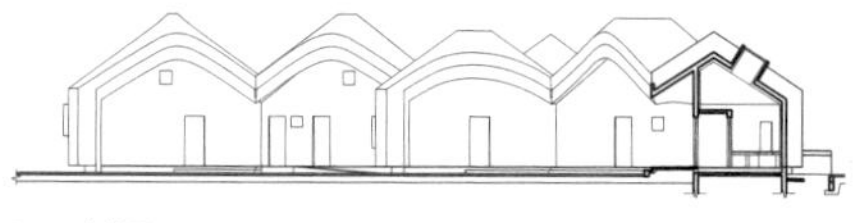

1-1 剖面

2-2 剖面

真实的建造

任何建筑设计的实现都依赖于工人的建造。设计在几何上的严密性给并无高超技艺的当地施工队带来了困难，他们用可称为原始的做法进行混凝土结构的定位、支模、浇注和成型，又用简单粗糙的方式对不可避免的误差进行弥补和遮盖。最终完成的清水混凝土呈现出来的是保留了小木模板的灰色粗犷表面，有些差强人意。

与此相对比，膜结构则显得精确、细腻、白净。两者之间的反差，恰好突出了“剖切”这一建筑形态上的操作。有些遗憾的是，由于混凝土施工质量不高、清水效果难以接受等原因，清水混凝土的表面被涂上了薄薄一层白色涂料，反差被大大消解，建筑呈现的是更为整体统一的效果。

建筑无论大小，其设计建造的过程总是充满波折，真实而无法回避，令人难忘。如今立于草原的坚固实物与存于屏幕的数字模型之间存在着种种出入：艰难保持下来的精准几何中，檐廊顶部那些原本微妙的弧线变成了稍显生硬的直线；设计中精巧处理的细部，个别的地方被打上了不好看又不能少的膜材补丁；被刷白的清水混凝土墙面，使得本与清水颜色相近的灰色门窗显得格外突兀；膜与外墙之间的藏灯被暂时取消，以至于夜晚轻盈微光的飘渺效果只可能停留在效果图和头脑的想象之中……。然而无论如何，最初草图中想象表达的图景终于实现。

基地北侧看工作站

从半围合庭院看远方遗址

基地北侧看工作站

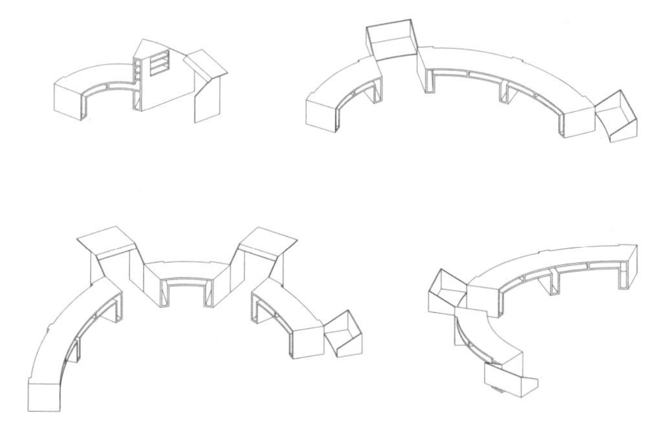

室内家具轴测

游客体验

当游客来到锡林郭勒草原，向着古老的遗址行进，远远在天色中辨认出一组洁白的“小帐篷”，它们与旁边临时驻扎的传统草原蒙古包并无太大差异。这些白色坡顶的圆形和椭圆形小建筑簇拥在一起，大小不一、高低错落，相互之间的群体关系形成了有趣的对话。

走近它们，会发现这些“小帐篷”似乎有些不那么一般：朝向外侧草原的连续弧形部分是洁白的膜表面，膜材内部的撑杆在膜表面形成若干支撑点，不仅解决了膜材自身的形变问题，还形成了独特的表面效果。

而再到朝向内侧庭院的部分，则是弧形被不断切削而形成的像建筑剖开后展开的转折而连续的墙面和屋檐，是被白色涂料覆盖的粗犷的混凝土表面，保留有施工时小木模板的印记。膜材与混凝土两种不同材料的表面相接之处，形成了轻重、软硬、薄厚的对比。

走进建筑室内，结合弧墙和凸窗设计了固定式家具。透过外窗和天窗，光线进入房间，并勾勒出方形的草原和天空画面。

当人们进入沧桑宏阔的遗址区，站在高处回望，工作站的“小帐篷”又变成了茫茫草原上的一簇白色的圆点。由远及近，又由近至远，这组貌似却不同于通常印象的草原建筑给造访的人们带来小小的戏剧性。微小与宏大、轻盈与厚重、临时与永固，建筑在跟环境对照之下的呈现，既有对自然、人文和历史的充分尊重，也有自身恰当分寸的存在感。这也是我们对最初的问题所给出的答案。

（原文发表于《建筑学报》，2013 年 01 期，作者：李兴钢、易灵洁，文字及配图有删改）

办公室室内

连续变化的檐口

屋面局部

施工现场

施工现场

绩溪博物馆

安徽绩溪，2009-2013

摄影：夏至　邱润冰　李兴钢　李哲　黄源

总平面

西侧鸟瞰

后果前缘

癸巳年腊月 (2014 年 1 月)，陪鲁安东兄在刚开馆的绩溪博物馆内随意参观，蓦然发现在展厅中有一副胡适先生的亲笔手书对联：“随遇而安因树为屋，会心不远开门见山”(联出清同治状元陆润庠)。这幅年代不详的胡适真迹，在设计绩溪博物馆的 4 年多时间，从未有缘得见。

惊异于此联的意境恰与绩溪博物馆的设计理念不谋而合。树与屋，门与山——自然之物与人类居屋之间的因果关联；随遇而安，会心不远——由自然与人工之契合，而引出与人的身体、生命和精神的高度因应。在博古通今、中西兼通的精英人物胡适心中，行、望、居、游，是自己理想的生活居所和人生境界。而这也正是绩溪博物馆设计所努力寻求的目标。

馆名“绩溪博物馆”，来自于胡适先生墨迹组合。而适之先生仿佛在近百年之前，即已为家乡土地未来将建造的博物馆，写下了意旨境界和设计导言。有趣的是，不断听到人说起绩溪的“真胡假胡”典故：胡适之“胡”，乃为唐代时“李”姓迁入安徽后之改姓，故著名的胡先生是“假胡”，其实姓李。如此巧合，让人感觉如天意冥冥之中的绝妙安排。

那些古镇周边的山，想必胡适先生曾经开门得望，这棵伫立于此几百年的古槐，不知胡适先生

连绵起伏的屋顶、树和远山

总体模型

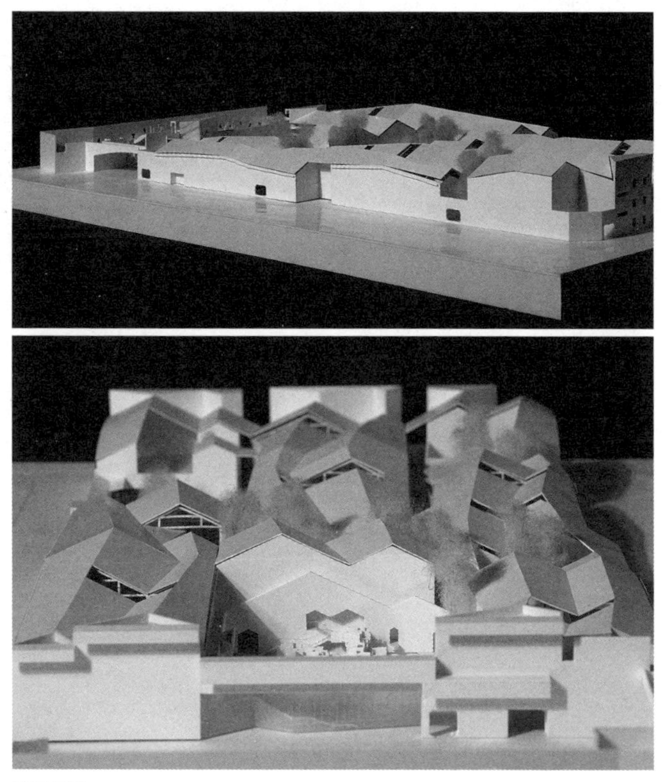

建筑模型

是否曾经触摸。一百年人类历史风云际会，在山和树的眼中，不过是一个片刻。还是那座山，还是这棵树，它们要后来的这个被称作“建筑师”的晚辈后生，与古镇和先人有个诚恳的对话。

山水人文

四年多前，也是一个冬季，第一次来到绩溪，第一次踏上这片如今赋予新的建筑生命的基地现场考察。用地位于绩溪旧城北部，原县政府大院用地内。用地南侧为良安路（北大街）；西侧为适之街，街对面是胡雪岩纪念馆和一排商铺，再往西就是文庙和考棚，适之街北端是绩溪中学；北侧与绩溪中学校园间隔一条小路，东侧亦由一条约 4m 的弯折窄巷与稠密的居民区分隔。用地基本呈矩形，朝向略偏东南。用地南北向长约 136m，东西长约 71m，总用地面积约 9500m^2。这里很久以前一度曾为绩溪县衙，因而在博物馆施工过程中挖出县衙监狱部分的基础和排水沟等遗迹，设计也因地就势，借用实地遗迹保留为馆内展示内容。当时用地内生长繁茂的 40 余株树木，树种繁多，包括槐树、樟树、水杉、雪松、玉兰、桂花、枇杷等，其中用地西北部有一株 700 年树龄的古槐，这些树木是最初打动我们并推动设计发展的重要元素，并成为绩溪博物馆古今延续与对话的最好见证。

绩溪位于安徽黄山东麓，隶属于徽州达千年之久，是古徽文化的核心地带。“徽”字可拆解为“山水人文”，正是绩溪地理文化的恰切写照。绩溪古镇周边群山环抱，西北徽岭，东南梓潼山；水系纵横，一条扬之河在古镇东面山脚汇流而过，“绩溪”也因此得名——县志记载：“县北有乳溪，与徽溪相去一里，并流离而复合，有如绩焉。因以为名。”当地数不清的徽州村落，各具特色，诸如棋盘、浒里、龙川……均“枕山、环水、面屏”，水系街巷，水口明堂，格局巧妙丰富，各具特色。而古往今来，绩溪以“邑小士多，代有闻人”著称于世。所谓徽州“三胡”——胡宗宪、胡雪岩、胡适，分别以文治武功、商道作为、道德文章著称于世；徽戏、徽菜、徽雕，都是徽州民间文化之载体。绩溪得天独厚的山形水势、村镇格局、风土人文给我们留下深刻不灭的印象，也成为绩溪博物馆的设计思想与灵感之源。

古镇客厅

绩溪博物馆设置了一套公共开放空间系统，其室外空间除为博物馆观众服务外，同时对绩溪市民开放。这个开放空间源自徽村的启示，如著名的宏村、西递、呈坎等很多徽村的村口都有一汪巨大的水面，四周环围路径，或水中架桥，名曰水口。水口既是村落的门户，又是村民最重要的公共

鸟瞰夜景

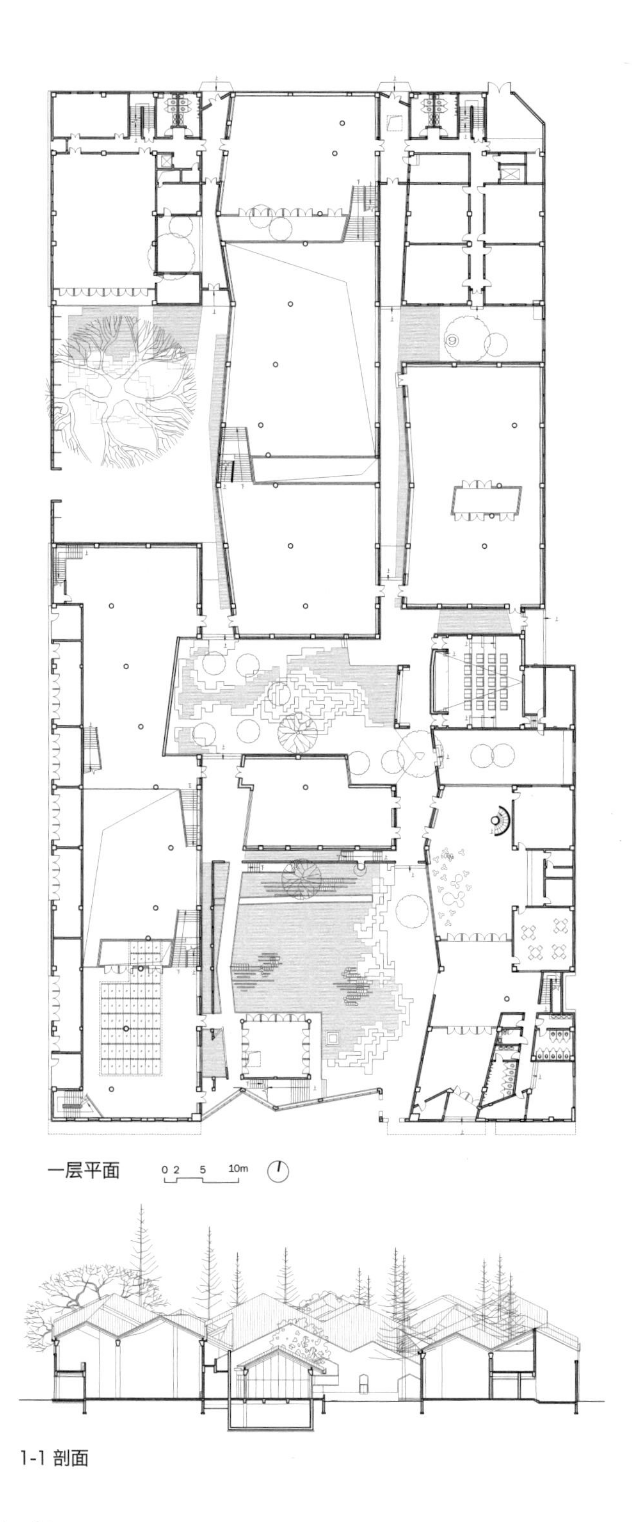

一层平面

1-1 剖面

主庭院

主庭院

二层游廊

水墙

活动空间。水口之水沿着村子内部的街巷延伸，形成一个复杂变幻的水系统，名曰水圳。水圳兼做生活排雨之用，犹如人的心脏将血脉输入到整个身体的每个细胞。

在绩溪博物馆主入口之前，结合城市广场，设计了一个叫做“城市明堂”的空间，与博物馆主入口相对，是一座由层叠片石墙体构成的人工假山。公众可通过假山内部的台阶、楼梯、平台穿行游走；经由高处的休憩平台和横跨良安路的过街天桥（以上部分设计时与博物馆整体考虑，预作博物馆二期实施），到达博物馆东南端部的屋顶平台及制高点的观景台，再经由与平台连通的二层游廊，拾级而下，进入博物馆入口之内的主要庭院——明堂水院。

在这个犹如村落般“化整为零”的建筑群落之内，利用庭院和街巷组织景观水系。沿东西“内街”的两条水圳，有如绩溪地形的徽、乳两条水溪，贯穿联通各个庭院，汇流于主入口庭院内的水面，成为入口游园观景空间的核心。

观众亦可由博物馆南侧主入口进入明堂水院，与南侧茶室正对的是一座片石“假山”伫立水中，“假山”背后，是两大片连绵弯折的山墙，一片为“瓦墙”，一面是白粉墙。两片墙之间是向上游园的阶梯和休憩平台。庭院中有浮桥、流水、游廊、“瓦窗”，步移景异的观景流线引导游客，经历迂回曲折，到达建筑南侧屋顶上方的“观景台”，可以俯瞰整个建筑群、庭院和秀美的远山。茶室背后另有供游人下来的阶梯。也可继续前行，顺着东西两路街巷，游览后面被依次串联起来的其

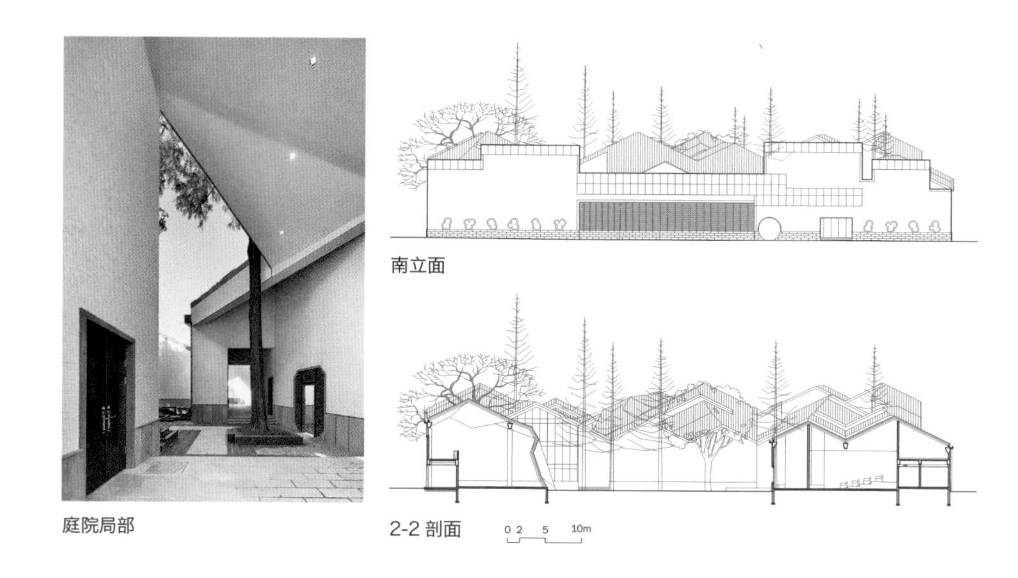

庭院局部

南立面

2-2 剖面

它庭院。

这里的街巷和庭院，与建筑周边民居乃至整个古镇数不清的街巷、庭院同构而共存。

功能流线

建筑主入口设于南侧，入口东侧为观众服务设施。主要展厅分为两大部分，布置于用地的中部和西侧。展厅主体为单层，局部两层，两展厅和序言厅之间通过室外连廊沟通。临时展厅和4D影院设于用地东侧，并在东侧路设有独立出入口。贵宾接待区和160人报告厅设于用地西北角，并利用古树所在庭院设贵宾入口以及少量临时停车位。后勤入口独立设于用地北侧，博物馆办公、管理用房和库房设于用地东北侧，局部地上三层地下一层。

参观观众从南侧主入口进入博物馆主庭院，通过天井进入观众服务大厅，穿过位于庭院正北侧的序言厅后进入西侧的1号展厅。2号展厅在南侧与1号展厅通过室外走廊相连。两个展厅中部均设有半地下层和夹层，特殊的错层处理既充分利用了建筑内部空间，又可以保证参观流线不重复。6个主体展览分别以“山水、人文、商道、风土、徽韵、徽味”为主题，布置于两个展厅中。临时

“山”院

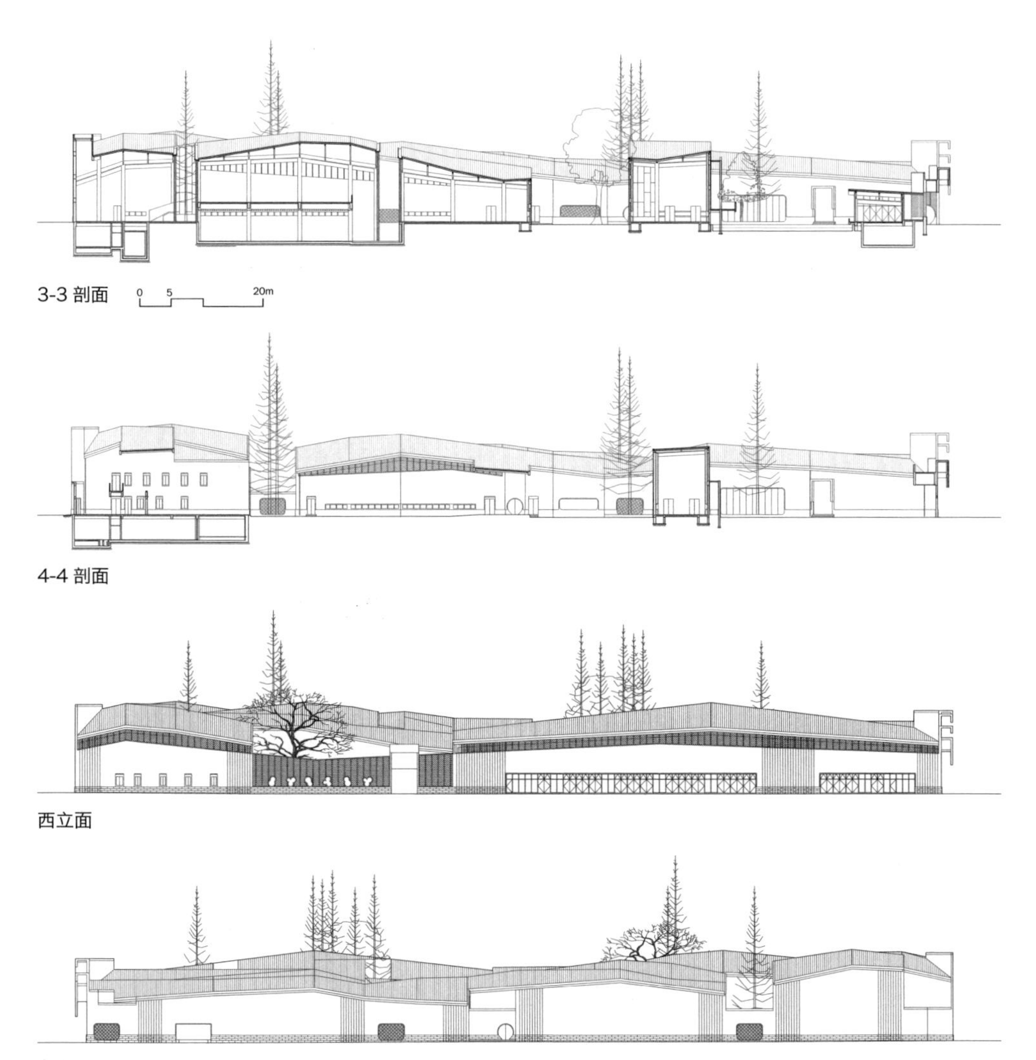

3-3 剖面

4-4 剖面

西立面

东立面

展厅和4D影院既可串联于整个流线又可各自独立运行。观众最终停留或穿过博物馆商店离开建筑。

折顶拟山

源自“绩溪”之名与山形水势的触动，博物馆的设计基于一套“流离而复合，有如绩焉”的经纬控制系统，原本规则的平面经纬，被东西两道因于树木和街巷而引入的弯折自然扰动，如水波扩散一般；整个建筑即覆盖在这个“屈曲并流，离而复合”的经线控制的连续屋面之下，并通过相同坡度（源自当地民居屋顶坡度而确定）、不同跨度的三角轻钢屋架，沿平面经纬成对组合排列，加之在剖面上高低变化，自然形成连续弯折起伏的屋面轮廓，仿似绩溪周边山形脉络。登及屋顶观景台放眼望去，层叠起伏的屋面仿佛是可以行望的“人工之山”，此时观景即观山，近景为“屋山”，远景借真山。因此，这个建筑不仅与周边民居乃至整个古镇自然地融为一体，也因其屋面形态而与周边山脉相互和应，并感动于观者的内心。

胡适先生的“开门见山”，在这里成了“随处见山”——只不过有“假山”、“屋山”、和越过古镇片片屋顶而望得的真山。而其中重要和相同的，是让人与这层叠深远的人工造景及自然山景相感应，得以“会心不远”，达致生命的诗意寄托。

留树作庭

绩溪博物馆用地中，原来的县政府大楼因不符合“风貌”和新的功能要求会被全部拆除，但现场踏勘时的一个强烈念头是：在未来的设计中，一定要将原来几个院落中的多数大树悉数保留，它们虽非名贵或秀美，但却给这处经过很多历史变迁的古镇中心之地留下生命和生活的记忆。用地西北角院落中的700年古槐，被当地人视为“神树”，因为它实在就像是一位饱经沧桑、阅历变迁却依然健在的老者。

前面“折顶拟山”所形成的覆盖整个用地的连续整体屋面，在遇到有树的地方，便被以不同的方式“挖空”，于是，庭院、天井和街巷出现了，它们因树而存在、而被经营布置，成为博物馆的生气活力、与自然沟通之所。也得益于这些“因树而作”的庭院，这座建筑成为一个真正完整的世界。胡适先生的“因树为屋”，其实应该并非是将树建成房屋或者以树支撑结构，而是将居屋依邻树木而造，使人造之屋与自然之树相存互成，树因屋而得居，屋因树而生气，在居住者的眼中和心里，这样的整体具有真正的诗意，“随遇而安”。

最前面的“水院”保留了两棵树：一棵是水杉，在东侧公共大厅的窗外；另一棵是玉兰，在“假山”一侧，由于靠近瓦墙前面的粉白山墙，与从上面休息平台下来的楼梯踏步几乎“咬合”在一起。这株秀美的玉兰与几何状的片石“假山”一起，组合为水院的对景画面。

水院后面的中间庭院“山院”，是保留树木最多的院落。松、杉、樟、槐，都在自己原来的位置，茂密荫蔽，它们是活的生命在默默静观四周变迁。配合几何状的隆起地面、池岸和西端弯折披坡下来的“屋山”，别有一番亦古亦今的气息。庭院东侧还有两株水杉，因它们的位置，序言厅和连接公共大厅的过廊特意改变形状让出树的位置，最后的结果仿佛是树与建筑紧紧贴偎一起或缠绕扭结一体。

沿西路街巷再往后面，为700年古槐留出了一个“独木”庭院，这个颇具纪念性的古树庭院处理较为开敞，古树后面有会议报告厅及上部茶楼可由此进入，方便兼顾对外经营。而若经一侧的楼梯上至二层贵宾休息室外的屋顶平台，古树巨大苍劲的枝杈向四面八方的空中伸展，被平台两侧的界面裁切成壮美的“树景”。

沿西路内街继续向北，贵宾区内还另有一个存纳树木的小院；沿东路内街，又有“瓦院”、“竹院”，均是因树而作，分别以瓦、竹相配。展厅北端狭窄高促的天井内，还有一株保留修剪的水杉。

施工过程中，所有保留的树都被精心保护，待最后土建完成，经过清洗修剪，它们跟新建的房屋一起，亭亭玉立，生机勃勃，房屋也因树木的先就存在而不显生涩，它们因位置不同而关系各异，都仿佛天生的匹配，颇为感人，好一个“随遇而安”。

假山池岸

主入口庭院的视觉焦点，是一座由片状墙体排列而成的“假山”，与位于南侧的茶室隔水相对，并有浮桥、游廊越水相联，山背后一道临水楼梯飞架而过。这座“片石”假山，与池岸、台地、绿池等均基于同一模数而生成其几何形式，相互延伸构成，表面配以水刷石材质，使得山池一体，相得益彰。假以时日，墙体池台生出绿苔，下面的植栽青藤生长爬蔓于层叠高低的片墙和台地，人工的建造才成为更加自然圆融的景物。“假山”之后有粉墙，状如中国山水画之宣纸裱托，再后为“瓦墙”，其形有如顶部“屋山”之延伸，层层叠叠，显近远不同之无尽深意。“片山”想法因画而成，那是一幅藏于台北故宫博物院的清版《清明上河图》，画中表现了中国山水画特殊的山石绘法，观画之后便酝酿出将此画中之山转化为庭园假山的几何做法。山体形态则源于明代《素园石谱》中的“永

庭院及古槐

州石”，本意也是为博物馆外面“城市明堂”大假山而作的小规模实验，是有关“人工物之自然性”的尝试。

明架引光

室内空间采用开放式布局，既充分利用自然光线，又将按特定规则布置的三角形钢屋架结构单元直接露明于室内，成对排列、延伸，既暗示了连续起伏的屋面形态，又形成了特定建筑感的空间构成，在透视景深的作用下，引导呈现出蜿蜒深远的内部空间。

各展厅内部均布置内天井，由钢框架玻璃幕墙围合而成，有采纳自然光线与通风的功用，进而

屋顶观景台

假山细部及池岸细部

使参观者联想起徽州建筑中的“四水归堂”内天井空间。

延续博物馆建筑的三角坡顶为母题，设计了室内主要家具和大空间展厅中“房中房”式的展廊、展亭及多媒体展室，利用模数对展板、展柜、展台、休息坐具等展陈设施的形式和空间尺度加以控制，并以建筑屋顶生成的平面控制线为基础进行布局。室内除白色涂料外，使用了木材装修，增加内部空间的温暖感和舒适性。

作瓦粉墙

在古镇的特定环境中，徽州地区传统的“粉墙黛瓦”被沿用作为绩溪博物馆的主要材料及用色，但其使用方式、部位和做法又以当代的方式进行了转化。

大量有别于传统瓦作的新做法用于建筑不同部位。其中，屋面屋脊和山墙收口一改传统小青瓦竖拼的做法，均采用较为简洁的筒瓦收脊与压边的做法；传统檐口收头处的“虎头与滴水”瓦被简化为“现代版”；应对曲折屋面而设置屋谷端部泛水等。瓦作铺地，以及不同形式的钢框“瓦窗”，亦努力作出新意。值得一提的是面对水院的“瓦墙”，有屋顶瓦延伸而下之势，与其前面的粉墙配合，

主庭院折桥

序言厅

临时展厅

一号展厅

极易造成透视的错觉，像是中国画中的轴测透视，屋面立面成为一体，仿佛“屋山”延伸倾泻而下。这片瓦墙，其构造原理延续了传统椽檩体系铺瓦做法，但由于其如峭壁般的形态，导致营造殊为不易。新的做法是采用将瓦打孔并用木钉固定于高低间隔的轻钢龙骨，按序自下而上相互覆盖叠加并加以钢网水泥结合一体，才得以构造成型。

入口雨篷、檐部、天沟、墙裙、地面以及外门窗框等处采用当地青石材料，颜色实为暗灰色，而当建筑顶部区域的自然面青石板表面涂刷防腐封闭漆料之后，石材表面如砚台沾水一般，立刻转为黑色，出乎意料地与“黛瓦”得以呼应。

古徽州传统的白石灰粉墙经由时间和雨水的浸渍，斑驳沧桑，形成一种特殊的墙面肌理效果，原想用白灰掺墨的方式做出如老墙一般沧桑的肌理形态，但因墙体的外保温层无法像传统的青砖一样与外层灰浆吸融贴合，经多次试验后无果，无奈最后被替代为水波纹肌理的白色质感涂料，这一做法完成后也成为绩溪博物馆一大特色，被称作“水墙”。有山自有水，在中国的山水画作中，云雾水面乃至粉墙，起到的是将山景分层隔离，制造出景物和境界的深远之意。这一道道“水墙”，与池中的真水一起，映衬着“屋山”和片石“假山”，它们也是绩溪博物馆“胜景”营造中的重要构成。

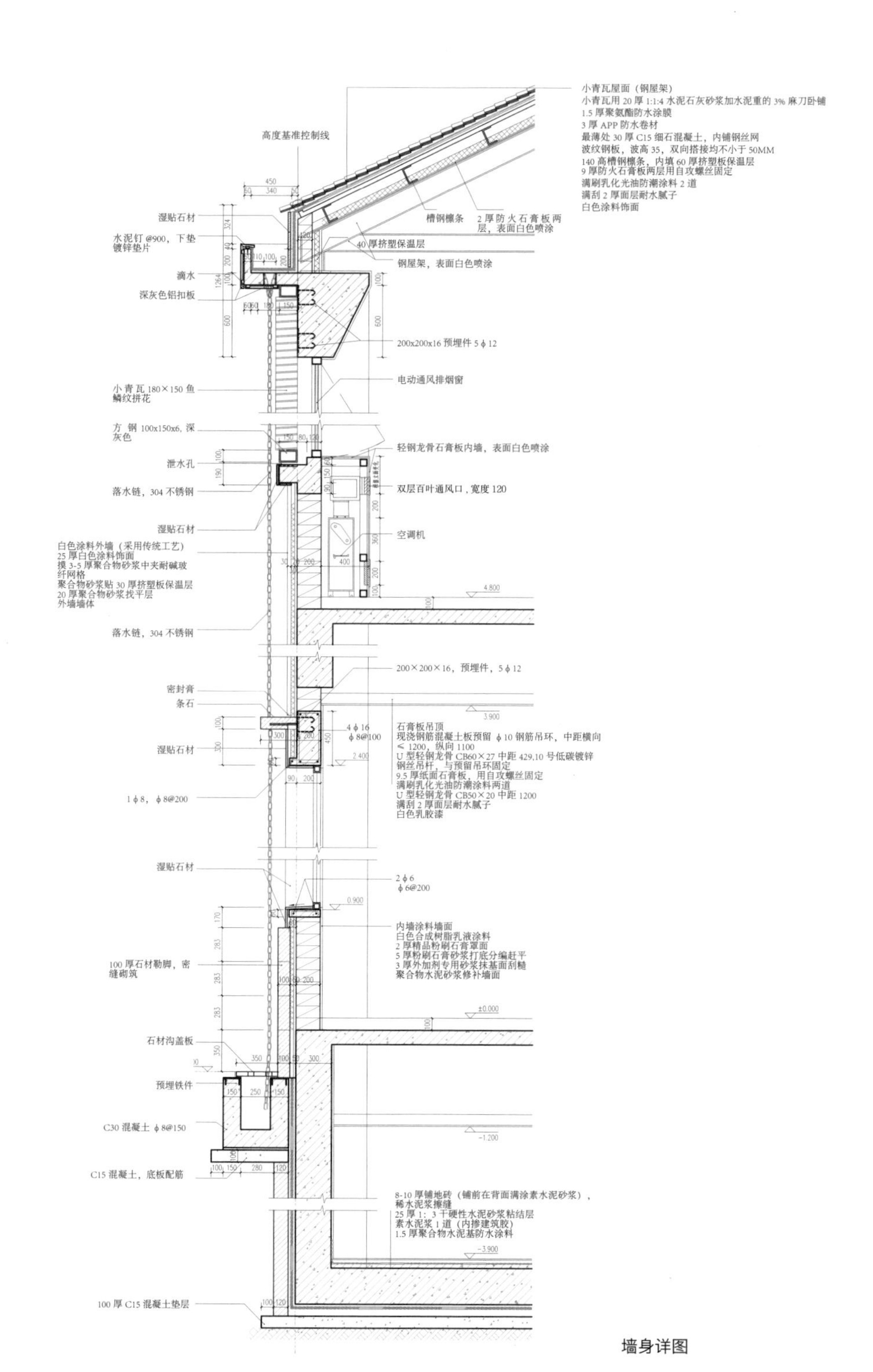
小青瓦屋面（钢屋架）
小青瓦用20厚1:1:4水泥石灰砂浆加水泥重的3%麻刀卧铺
1.5厚聚氨酯防水涂膜
3厚APP防水卷材
最薄处30厚C15细石混凝土，内铺钢丝网
波纹钢板，波高35，双向搭接均不小于50MM
140高槽钢檩条，内填60厚挤塑板保温层
9厚防火石膏板两层用自攻螺丝固定
满刷乳化光油防潮涂料2道
满刮2厚面层耐水腻子
白色涂料饰面
高度基准控制线
湿贴石材
水泥钉@900，下垫镀锌垫片
滴水
深灰色铝扣板
槽钢檩条
2厚防火石膏板两层，表面白色喷涂
40厚挤塑保温层
钢屋架，表面白色喷涂
200x200x16预埋件5ϕ12
小青瓦180×150鱼鳞纹拼花
电动通风排烟窗
方钢100x150x6，深灰色
轻钢龙骨石膏板内墙，表面白色喷涂
泄水孔
落水链，304不锈钢
双层百叶通风口，宽度120
湿贴石材
空调机
白色涂料外墙（采用传统工艺）
25厚白色涂料饰面
摸3-5厚聚合物砂浆中夹耐碱玻纤网格
聚合物砂浆贴30厚挤塑板保温层
20厚聚合物砂浆找平层
外墙墙体
4.800
落水链，304不锈钢
200×200×16，预埋件，5ϕ12
密封膏
条石
3.900
4ϕ16
ϕ8@100
湿贴石材
2.400
石膏板吊顶
现浇钢筋混凝土板预留ϕ10钢筋吊环，中距横向≤1200，纵向1100
U型轻钢龙骨CB60×27中距429,10号低碳镀锌钢丝吊杆，与预留吊环固定
9.5厚纸面石膏板，用自攻螺丝固定
满刷乳化光油防潮涂料两道
U型轻钢龙骨CB50×20中距1200
满刮2厚面层耐水腻子
白色乳胶漆
1ϕ8，ϕ8@200
湿贴石材
2ϕ6
ϕ6@200
0.900
内墙涂料墙面
白色合成树脂乳液涂料
2厚精品粉刷石膏罩面
5厚粉刷石膏砂浆打底分编赶平
3厚外加剂专用砂浆抹基面刮糙
聚合物水泥砂浆修补墙面
100厚石材勒脚，密缝砌筑
±0.000
石材沟盖板
预埋铁件
C30混凝土ϕ8@150
-1.200
C15混凝土，底板配筋
8-10厚铺地砖（铺前在背面满涂素水泥砂浆），稀水泥浆擦缝
25厚1：3干硬性水泥砂浆粘结层
素水泥浆1道（内掺建筑胶）
1.5厚聚合物水泥基防水涂料
-3.900
100厚C15混凝土垫层

墙身详图

博物馆的建造由当地的施工和监理公司完成。这些本地的施工者们既未完全忘却也不再采用徽州传统的施工技术，既在使用又无法达到高超的现代施工技术水平，但他们仍然表现出有悠久传统的工匠智慧和热情，与建筑师一起研发出“瓦墙”、“瓦窗”等传统材料的当代新做法，赋予建筑“既古亦新”的感受。

向文化致敬

人所在地域的特定气候地理环境，经久形成并决定了那里人们的生活哲学，这应当就是大家日常所谓的“文化”。建筑师要通过营造物质实体和空间的方式触碰敏感的生活记忆，抵达人的内心世界。

在这个全球化和快速城镇化的时代，建筑设计如何能够既适应当代的生活和技术条件，又能转化传承特定地域悠远深厚的历史文化，是4年多来的工作中时刻思考探索的问题。因此在绩溪博物馆这个完全当代的城市博物馆中，人们仍然可以体验与以前的生活记忆和传统的紧密关联，那些久已存在的山水树木则是古今未来相通的见证和最好媒介。古已有之的营造材料和做法都仍可被选择沿用或者用现代的方式重新演绎和转化，使得绩溪博物馆成为一个可以适应国际语境和当代生活的现代建筑，同时又将传统和文化悄然留存传播。这个建筑本身可以成为绩溪博物馆最直观的一件展品；同时，绩溪博物馆作为公共空间与绩溪人的日常生活紧密相关，成为绩溪的城市客厅。

绩溪博物馆尚未开馆，就已引起网络的热烈传播和讨论，一位素不相识的上海绩溪籍网友发微博说“小时候在它的前身里生活过，骑过石像生，捉过迷藏。如今这里是县城的博物馆，月底即将竣工开张。感谢李兴钢工作室，这才是徽州应有的现代建筑。”这个微博被转发和评论很多，其中很多与博主背景类似的绩溪网友。这说明绩溪博物馆得到了绩溪人特别是年轻一代发自内心的支持和认同。

在看到胡适先生的手书对联后，回顾绩溪博物馆设计种种过往现今，心动不已、感慨交集之中，也在工作室微博上斗胆将此联略作改写，以致敬意：因树为屋，随遇而安；开门见山，会心不远。

（原文发表于《建筑学报》，2014年02期，作者：李兴钢、张音玄、张哲、刑迪，文字及配图有删改）

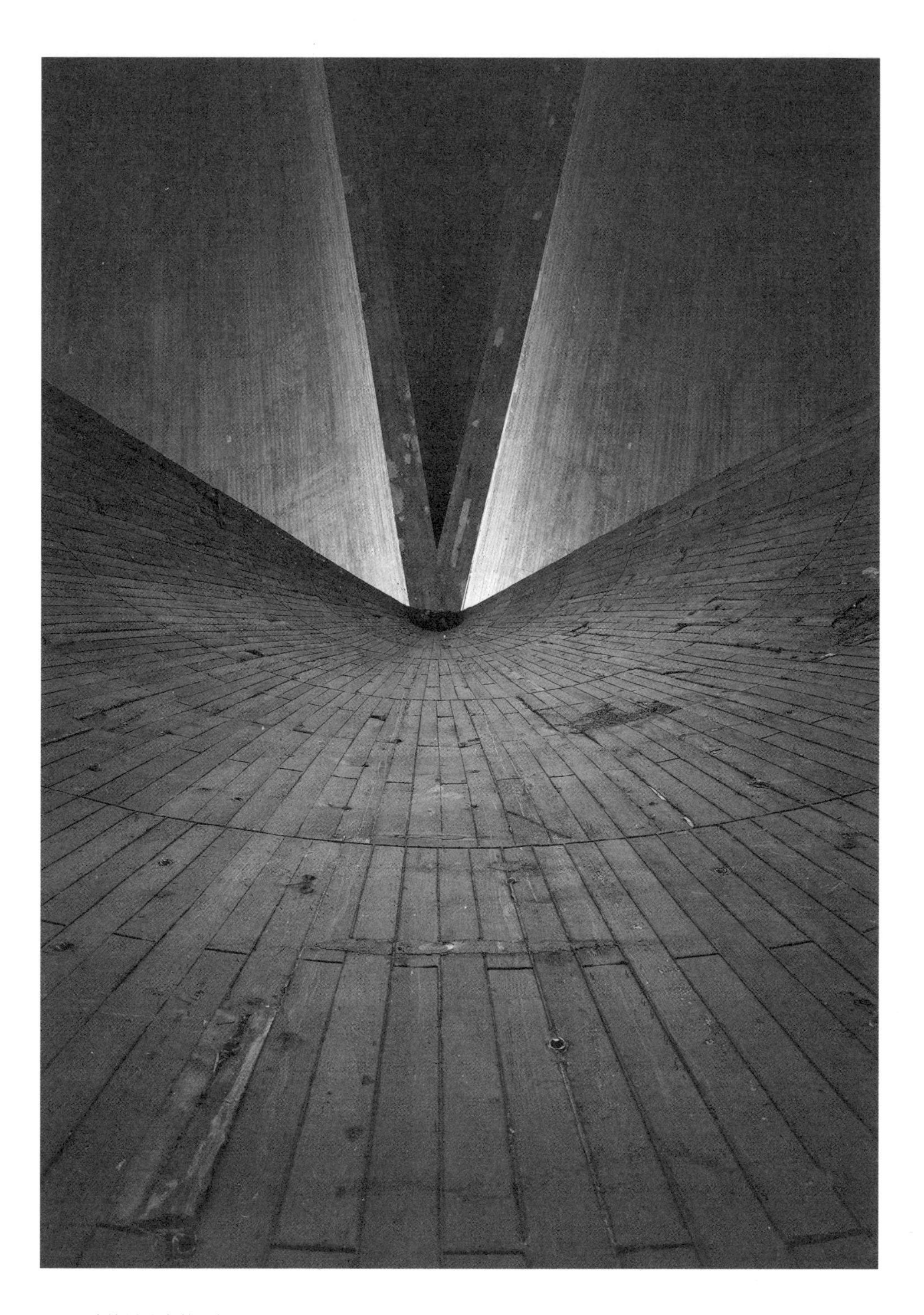

天津大学新校区综合体育馆

天津，2011 至今

摄影：李兴钢　孙海霆　黄源

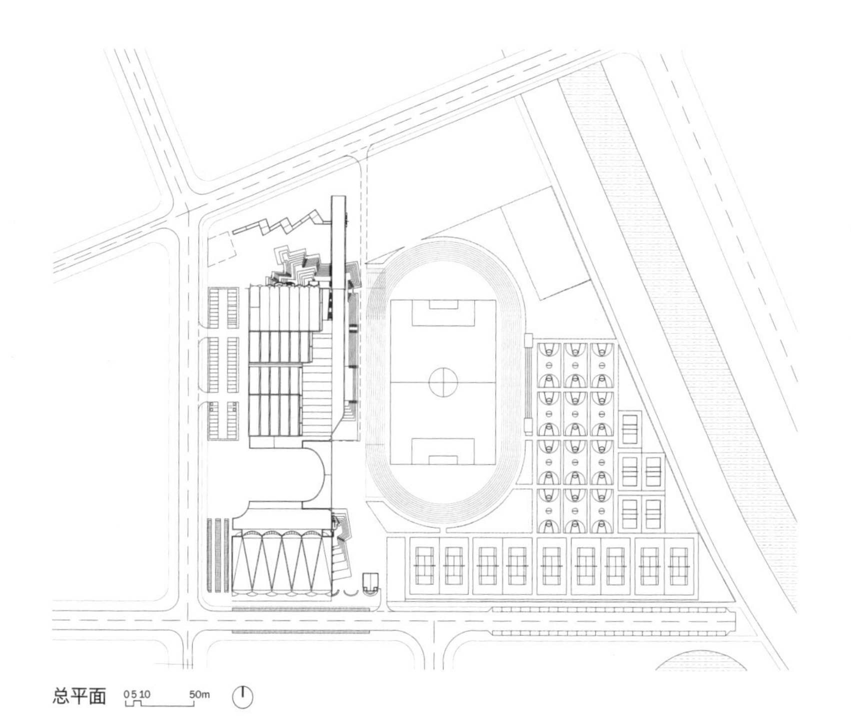

总平面 0 5 10 50m

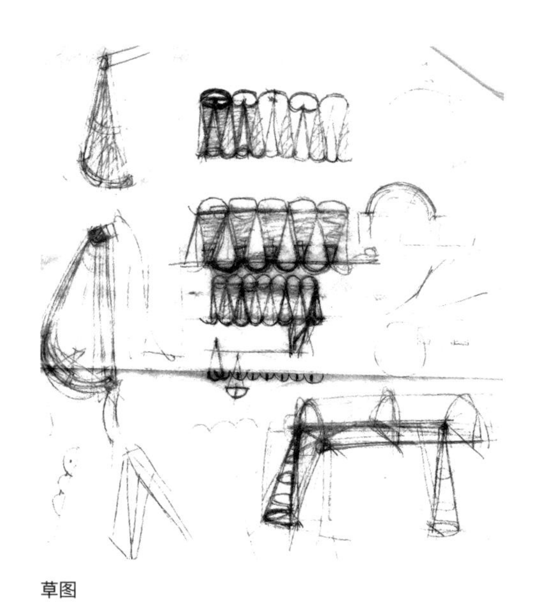

草图

南立面局部（施工中）

北立面局部（施工中）

天津大学新校区又称北洋园校区，位于天津海河中游的海河教育园区，距离南开区老校区 $22km^2$，距离滨海新区 $40km^2$，是未来天津的城市重点发展地区。新校区规划总用地 $250hm^2$，总建筑面积达 155 万 m^2，在校生规模将达 36000 人，按照“统一规划、分期建设、分步实施”的原则建设实施。将建成一个以湖泊、人工湿地为核心的水体生态校园，校园规划对各个地块给出了详细的设计导则，对单体建筑的内容、高度、界面、材料等进行了详细的规定。

正在建设中的天津大学新校区综合体育馆，位于校前区北侧，主要功能为满足日常体育教学科研及师生体育锻炼需求，包括各种室内运动场地和教学、科研及配套设施用房，以及室外田径场、各类球场、集中器械场地及极限运动场所。建筑主体包含室内体育活动中心和游泳馆两大部分，以一条跨街的大型缓拱形廊桥将两者的公共空间串通为一个整体，并形成一个环抱的入口广场，沟通建筑东西和南北。沿西立面首层展开的檐廊空间使室内运动场地向校园空间打开，成为良好的交往互动空间。建筑主体东侧设置若干室外运动场地，与相邻城市水系景观带自然过渡，并在主体北侧设置集中器械场、极限运动区等室外活动场地，被围合于建筑主体和北侧的游廊式建筑（含小卖服务及器械用房）之间，极限运动区通过不规则铺展的室外台阶看台，可以一直延伸到带有波浪形屋

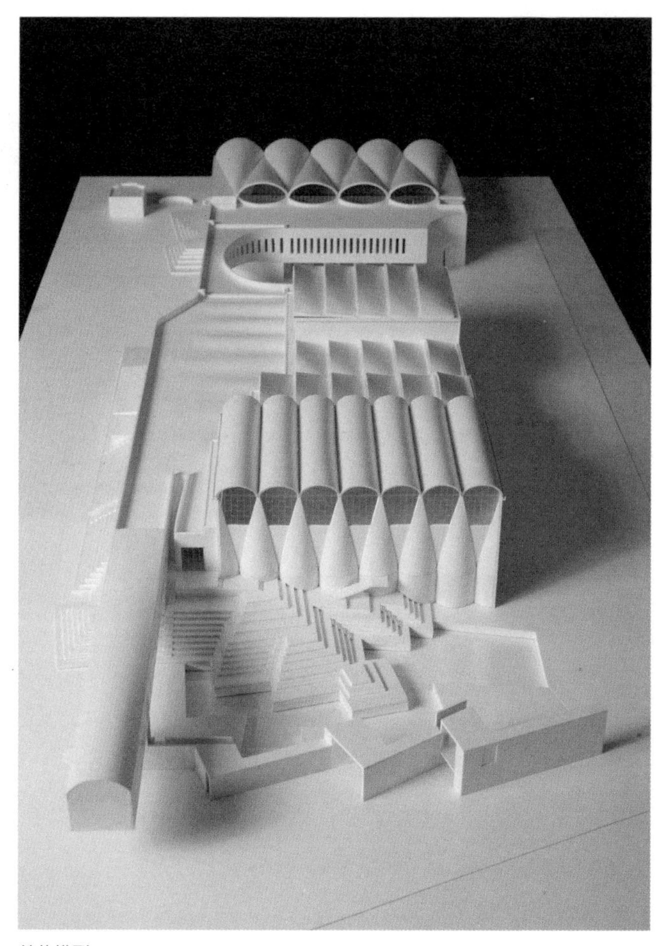

总体模型

面（其下是室内体育活动中心的公共大厅）的建筑屋顶。如此成为一个室内与室外、地面与屋面联为一体的“全运动综合体”。

各类室内运动场地——排球场、网球场、篮球场、羽毛球场、径赛训练馆（室内跑道）、乒乓球馆、舞蹈馆、体操馆、健身馆、跆拳道馆、游泳馆等——依其对平面尺寸、净空高度及使用方式（专用或兼用）的不同要求，紧凑排列，并以线性公共空间（公共大厅、缓拱廊桥和游泳馆门厅）叠加、串联为一个整体，不仅增强了整个室内空间的开放性和运动氛围，而且天然造就了错落多样的建筑檐口高度，以及高效而舒展的平面布局。混凝土雨水沟槽沿着错落的建筑轮廓上下水平垂直明露设置，既可以看到雨落组织的导向，又成为独特的建筑压顶和收边。

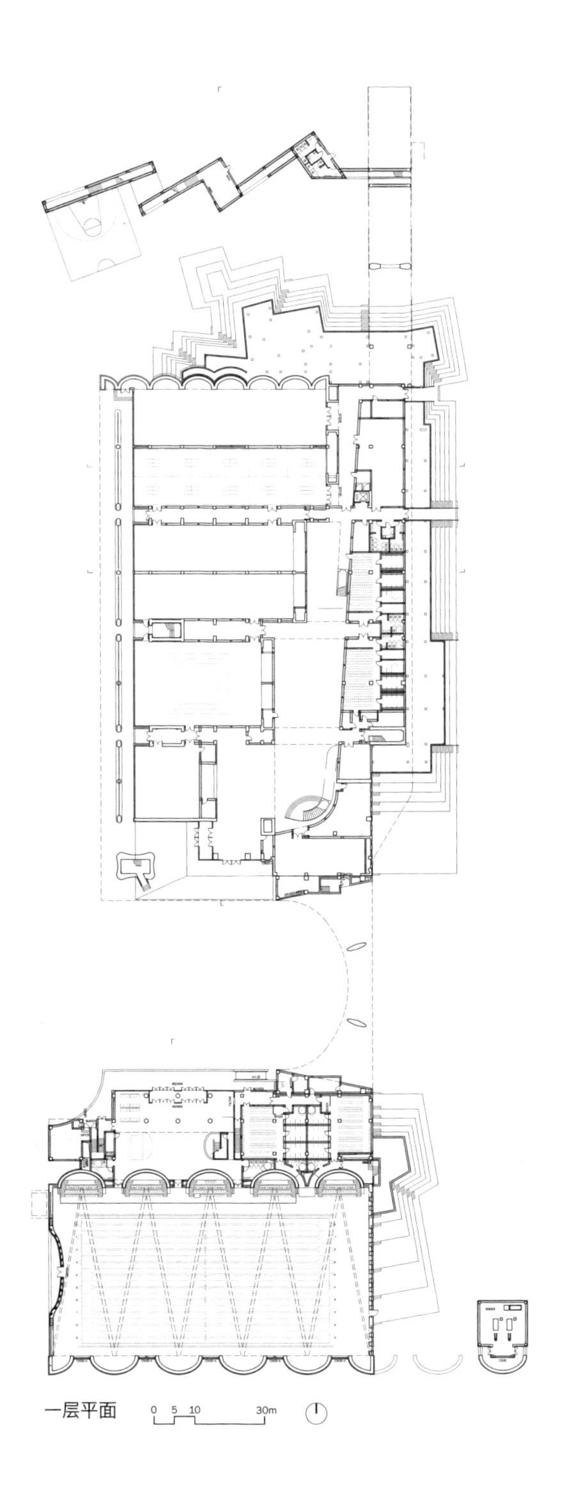

一层平面

游泳馆（施工中）

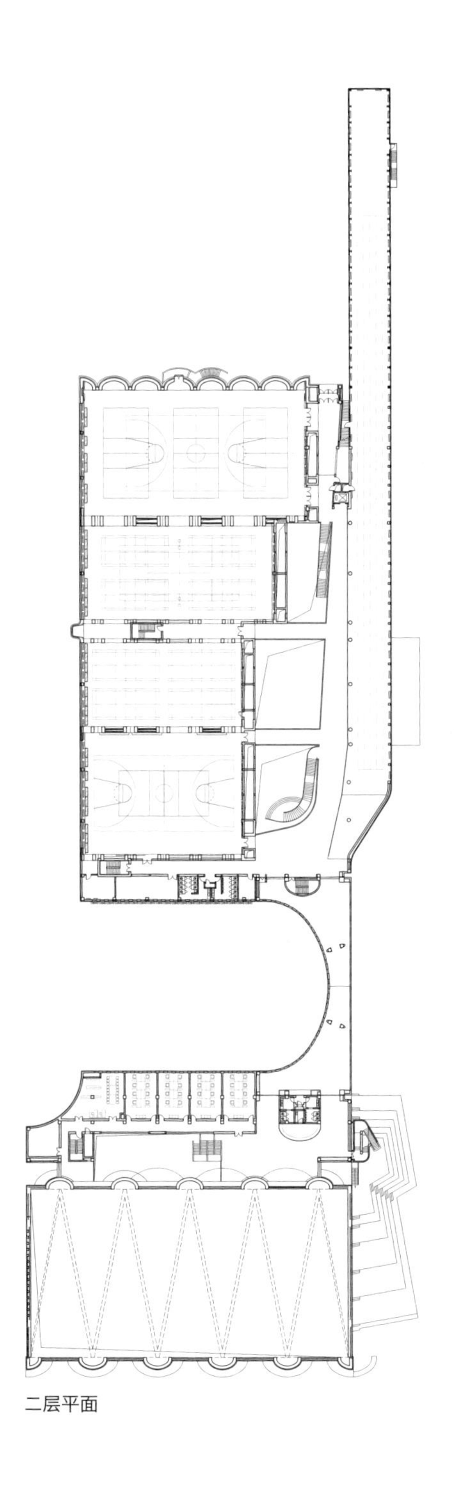

二层平面

游泳馆屋顶（施工中）

从门厅看游泳馆屋顶（施工中）

从门厅看游泳馆（施工中）

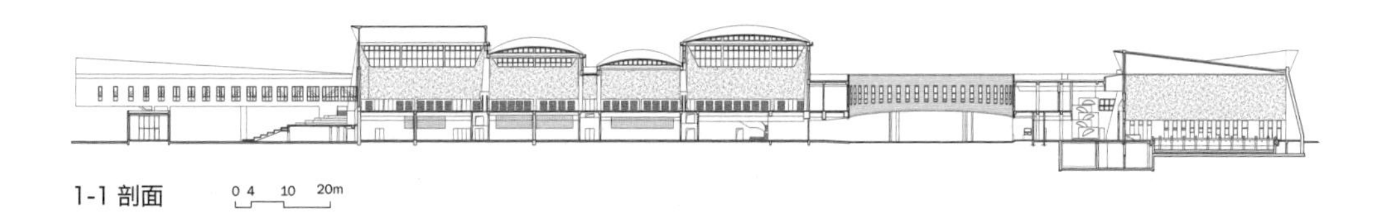

1-1 剖面

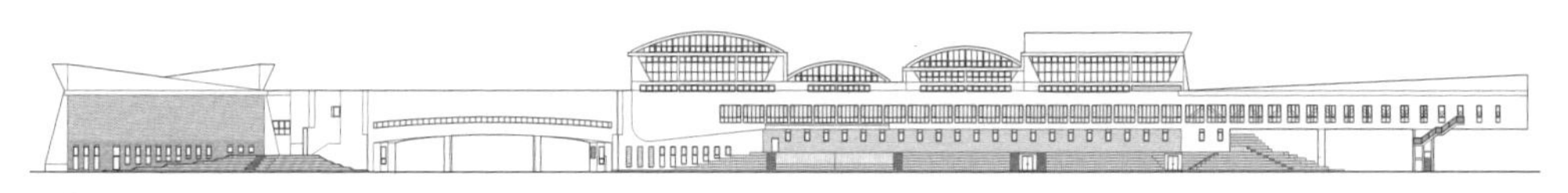
东立面

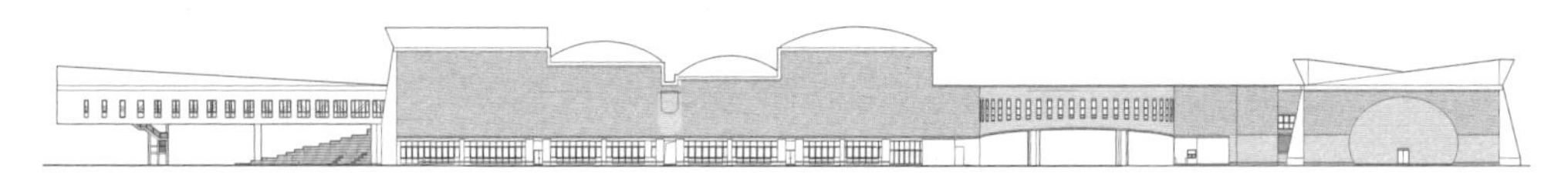
西立面

室内体育中心的公共大厅屋面采用了波浪形渐变的直纹曲面形屋面（空心密肋屋盖结构），其东侧长达 140m 的室内跑道，不仅为大厅带来凸显屋面形状的自然光线和向远处延伸的外部景观，而且那些奔跑于架高跑道上的人，也成为可由室内外空间中欣赏的独特风景，彰扬建筑的运动主题。办公科研、淋浴更衣等辅助性空间以错层的方式布置在跑道上下，并在其外侧设面向室外田径运动场的室外看台及其主席台。大型廊桥的地面沿着平缓拱形的结构逐渐延伸，廊道西侧是沿弧线外墙规则排列的竖向窄条窗，朝向校园中心方向的入口广场；廊道东侧是随着地面起伏而延展的缓拱形横向长窗，朝向室外运动场及更远处的城市水系景观，这里也可以成为一个弹性、多功能的公共活动空间。游泳馆的入口公共空间是一个紧凑的中庭式空间，在上方靠近锥形薄壁柱体和顶部屋盖处，开出摆线形的天窗，照亮中庭和其中的楼梯。办公科研、淋浴更衣等辅助性空间临近馆池运动空间，

公共大厅波浪形屋面（施工中）

公共大厅（施工中）

从 2 号场馆看 1 号场馆（施工中）

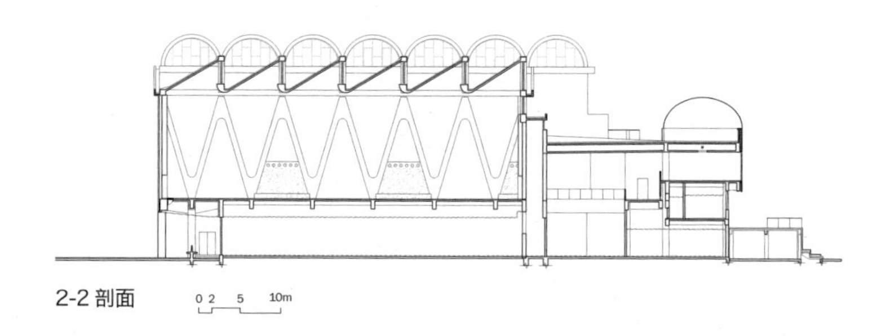

2-2 剖面

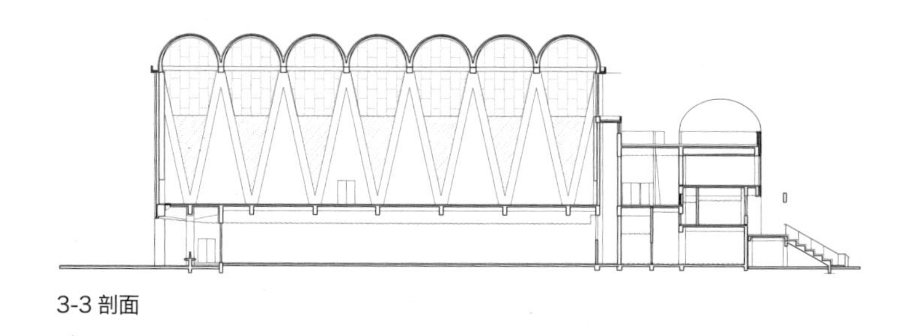

3-3 剖面

并围绕中庭布置。

运动场地空间的屋顶和外墙，使用了一系列直纹曲面、筒拱及锥形曲面的钢筋混凝土结构，带来大跨度空间和高侧窗采光，在内明露木模混凝土筑造肌理 ，在外形成沉静而多变的建筑轮廓。设计尝试强调在几何逻辑控制下对建筑基本单元形式和结构的探寻，重复运用和组合这些单元结构，以生成特定功能、光线及氛围的建筑空间，并与学生的日常活动和外部的校园景观产生互动。

建筑外部材料主要采用清水混凝土饰面结合具有天津大学老校区建筑特色的深棕红色页岩砖拼贴饰面；室内各运动空间除露明本色混凝土肌理（墙柱和屋顶）及白色涂料（墙面和吊顶）的部位外，还采用了具有吸音功能的本色木丝板材墙面和本色欧松板材固定座椅，以增加空间的温暖感和舒适性。

2 号场馆（施工中）

1 号场馆屋顶（施工中）

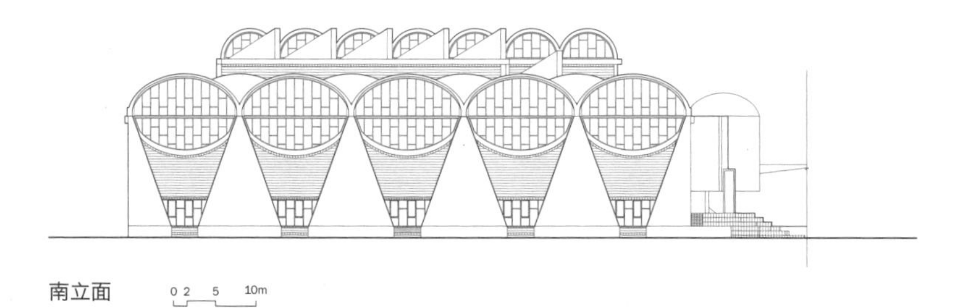

南立面　0 2 5 10m

从 1 号场馆看向 2 号场馆（施工中）

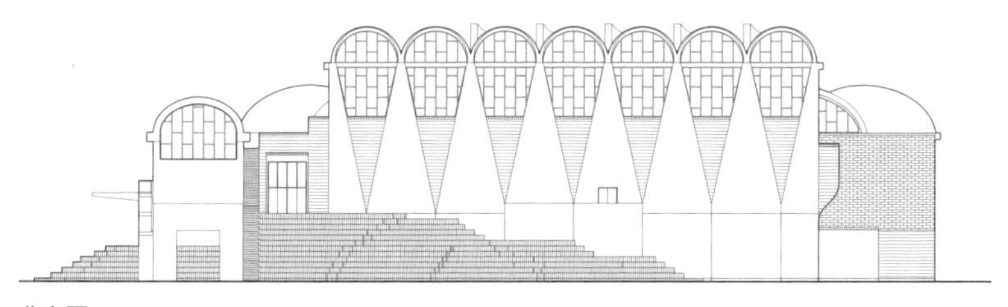

北立面

匠造絮语

“行、望、居、游”，这四个字代表了中国人的一种理想生活模式。通过旅行，在真实的大山水中获得人生的感悟，这是“行望”；然后把这样的体验和场景带到并浓缩在自己的日常生活环境里面，这是“居游”。把旅行的体验带到日常生活中有不同的方式，比如绘画的方式、造园的方式等等。

因此中国园林存在着一种当代性，是对“行望居游”的理想生活追求的一种物质载体。在“城市山林”这样一个缩微的世界中实现一种愿望：在日常生活中就可以通过“居游”而感知到由真实的天地山水中的“行望”才可获得的生命体验和内心感悟。这样的愿望和追求是无论过去和现在、传统与当代的。

旅行与精神世界的心灵体验和人生感悟密切相联。旅行是一种人与时间和空间的结合。时间和空间的结合会产生诱惑，被赋予时间感的空间和物体能够激发生命的体验。这种时间感的第一种是由人在空间中的运动而产生，就像建筑中的漫步要素那样；另一种时间感是由人面对空间的深远层次而产生，就如“山外有山”，那样层层不断地向深处向远处延伸；最后一种时间感则是由“硬生生的”时间和生命自身而产生，十年、百年、千年，生涩、成熟、衰老、死亡。空间感—时间感—生命感彼此链接并作用于人的内心世界，将导致诗意的产生。这将可以成为建筑的精神性之来源。

紫禁城（图1）第一次让我体会到建筑可以带来一种真切的打动。那还是在学生时代，我第一次参观故宫，并不是采用通常由天安门一路走入的路径，当时的女友带我从后面的景山一路往上爬，穿过茂密植物的掩映，带点小气喘，站在山顶万春亭南望那一刻，眼前扑面而来这样一幅奇景，当时眼泪几乎要流下来。我是经历过唐山大地震的孩子，自己觉得不是一个特别容易动感情的人，但当我看到这个画面的一刹那，有一种不再受控的感觉。就是这一片金灿灿、层叠叠，仿佛在无限延展的屋顶，和屋顶之间无数墙体、庭院、植物共同构成的恢弘空间，让我觉得它是如此地让人感动，可以直达你的内心，无需任何解说。从此刻开始，我意识到中国传统城市与建筑营造体系的伟大与独特性，基于一种特定的文化和哲学，如此触动人心。我深信这一体系蕴含着持久的价值和生命力，值得去探寻其中的奥秘所在：究竟哪些是变化的、暂时的，哪些是持续的、长久的？

1998年在法国进修期间，我才第一次有机会到欧洲各处参观那些以往在教科书或杂志上的经典建筑和城市。古罗马广场遗迹（图2）是我参观过的所有欧洲城市和建筑（包括古典与现代）中最打动我的一处，它也不是一个简单的建筑单体，而是一片建筑废墟构成的空间。遗迹旁不断出现的罗马时代的那些建筑组群平面图非常吸引我，都是以基本几何完形构成各样的单体建筑与空间，但

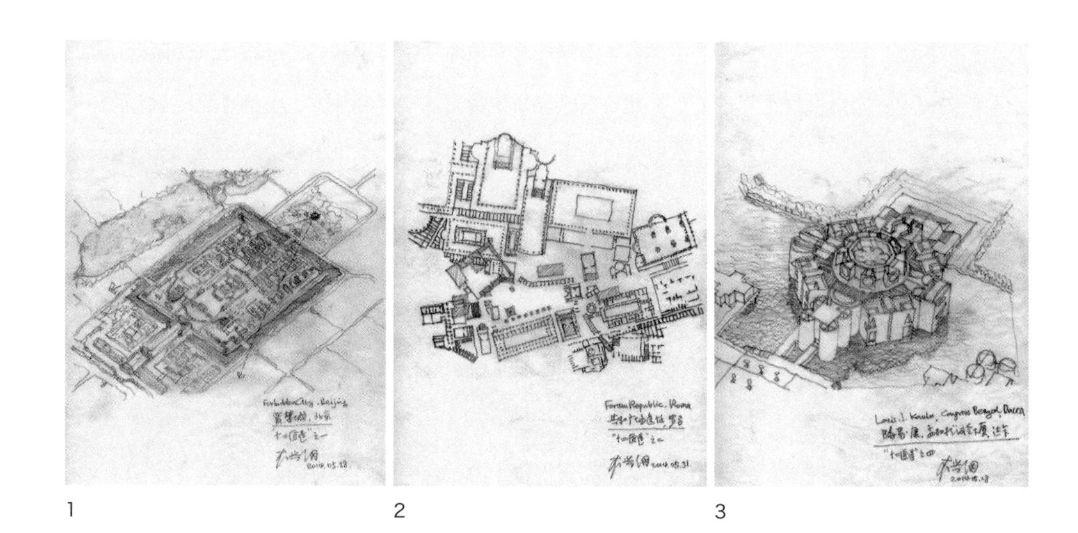

1　　2　　3

却以非常自由多端的方式进行群落的组合，大小尺度的丰富转换和空间开阖。这些经历长久历史变迁的遗迹还或多或少保留着原有的格局，却早已褪掉了以前的装饰，暴露出原有的结构（拱券）和材料（红砖、混凝土和石材），日积月累，已经跟植物树木长在一起，加上为游人设置的金属护栏、踏板、阶梯等，变成另外一种建筑，就是废墟建筑。但它们就像在时间作用下沉淀多年的现当代建筑。遗迹的废墟感和强烈的现代感，构成极为丰富震撼的场域空间，历史性、纪念性和当代性同时兼备，具有持久感人的生命力，你感觉它会永远这样存在下去。相较于古典时代，现代城市无法避免混乱和躁动，但或许存有另一种潜在秩序的可能性。这种秩序将从何而来？是否源于对文化传统中恒久之部分的自觉延续，以及与当代要素的创造性结合呢？

古罗马废墟的游历对路易斯·康也产生了重要的影响，决定性地改变了他的建筑方向。康发现了“如何把古罗马废墟转变成现代建筑”，由此成就了他伟大的后半生。孟加拉国家议会大厦（图 3）在康去世之后 10 多年才最后建成，这个庞大而复杂的房子是康将古罗马废墟转变成现代建筑的代表作，非常有“废墟感”，在印度和孟加拉战争期间，被飞行员误以为废墟而避过了轰炸。实际上，康是在设计一个一个独立完型的房间，很多小房间围绕着一个大房间，一层又一层。在此之前，他总是要在设计之初首先思考“空间想要成为什么”。我们可以看到不同尺度的“房间”——基本几

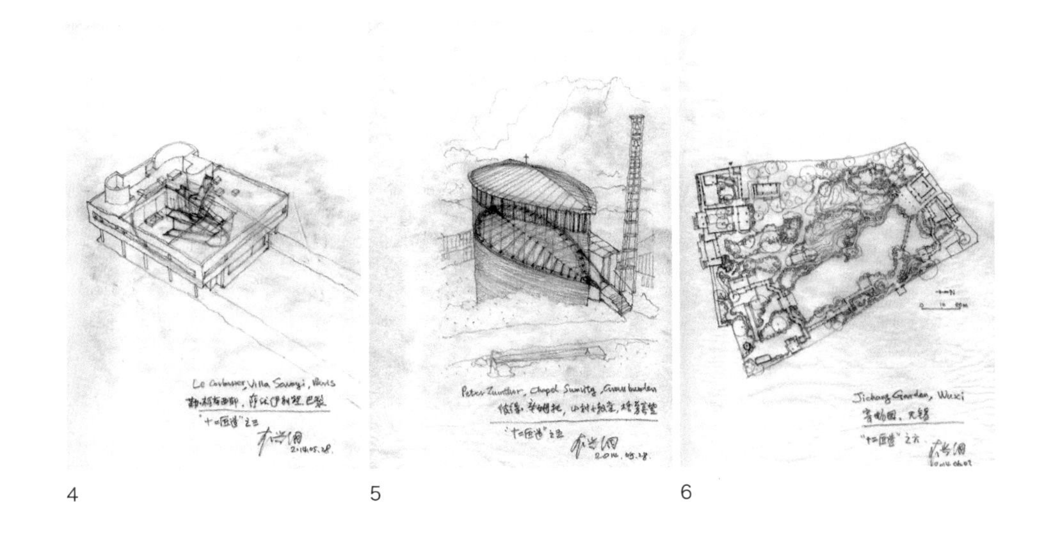

4　5　6

何形体的精妙组合，庄严而诗意的结构和体量，卓越的光源照亮空间。秩序与自由、静谧与光明、精神性（纪念性）与物质性在此相会。

那么，建筑的精神性和予人的诗意体验如何能源于中国独特的文化和营造传统？这是当时我心里对自己的发问。

柯布西耶的萨伏伊别墅（图 4）对我而言印象最为深刻的是，在这个由规则的“多米诺结构体系”所构成的建筑中，通过坡道的设置，在内部引入一条立体化的漫步流线，可以从地面一直游行到屋顶，并与内部空间、屋顶庭院、周围花园等不断变化的景观体验结合在一起。坡道代替了传统欧洲房屋中的壁炉成为建筑的中心。萨伏伊在我看来是自律而自由的建筑，最早体现出现代建筑中对人的运动的强调，空间感和时间感，拥有像房间一样的屋顶和庭院，并提示出对风景的捕获。

2003 年我在瑞士工作期间，为了参观彼得 · 卒姆托的苏木维特格村小教堂（图 5），颇费功夫，步行爬了三个多小时山路，快接近它的时候，远远望去，它夹杂在旁边沿山坡错落的瑞士木屋中，却没有想象中那种兀然独立的感觉，反而感觉它呆在那儿很合理，跟那些木屋很相似。教堂非常小，几十平米，很简单的叶子平面，宽的一头对着山谷，尖头对着道路，避开中轴从侧面开了一个小入口，木结构，非常精确的像船一样的结构、构造和细部，墙面覆盖的是木瓦，屋顶却是金属的。随着时间的推移，在阳光和雨水作用下，南北两面墙上的木瓦会发生不同的颜色变化，北面发黑，南面棕褐。我认为卒姆托的建筑有两个主题：一个是木屋，一个是岩洞（如瓦尔斯浴室）——对应于树木与山体，是长期在瑞士山区生活和工作的卒姆托的最自然不过的选择，都是基于此地环境并可天然与之结合的人造居所。小教堂就是典型的木屋主题，当然卒姆托在向民间建造学习的基础上，进行了精妙的发展和创造性转化。在他的建筑中总是感觉到一种建筑师基于场所的形式探寻，基于人的感受和体验的氛围营造，以及对形式、结构、材料的整合与精密而智慧的细部构造。

赫尔佐格与德梅隆的 Prada 东京旗舰店（图 6），建筑体量看似朴拙但却是精确控制的结果，它的形体生成和内外空间安排（内部的筒状试衣间和外部主动退出的小广场），跟城市、环境、景观都有密切的对应关联。容纳竖向交通疏散、管井等服务功能的筒体作为主要支撑结构，与外围结构和表皮一体的菱形钢网格，和水平楼板一起共同形成建筑的结构体系，体现出形式、结构、表皮与空间的高度一体化。后来的“鸟巢”其实也是相似的思路。另外印象深刻的是建筑师以材料（表面不同凸凹处理的玻璃）表达对特定都市氛围的呼应（时尚、流动、不确定），并做了大量样板的研发和实验。赫尔佐格与德梅隆工作中的工匠特征，特别是强调设计的逻辑和研究性，以及大量具有原创性并与设计理念紧密相关的材料研发与建造实验，使我耳濡目染、深受触动。

无锡的寄畅园（图 7）我曾经游过好几次。2003 年开始系统性地体验和研究园林，受到董豫赣老师的很多影响。我很同意他的看法，寄畅园是所有江南园林里最好的一处。好在一种长久岁月积淀而成的静谧氛围，虽然也有很多游人，但好像都会被消化掉。一种身处自造的一个独立世界中的空间感受。中国园林在中国传统的营造体系中有着最突出的当代性，是中国人理想生活哲学的物质载体。童寯先生所说的园林三境界——“疏密得宜、曲折尽致、眼前有景”，在寄畅园中有充分表现。七星桥、八音涧独一无二。假山做惠山余脉堆叠，又因借锡山之景，使得寄畅园虽是个只有 15 亩的不大之园，却让人感觉空间深远旷奥。庭廊和山林隔水面分别在东西两岸一线延伸，人工与自然对仗互成，充满时间感、空间感和生命感。

位于海边公路旁的帕尔梅拉海洋游泳池（图 8），其实就是公共泳池所需要的更衣洗浴等设施。西扎用非常简洁巧妙的方式把它做成一个非常有戏剧性的、漫游式的，对大海进行体验的建筑“装置”。一步步由喧杂的公路边下沉进入，大海先在视线上被遮挡，但始终能听见波涛的声音，然后再逐渐被提示展现出来，直到辽阔海面扑面而来。经由曲折的流线抵达令人难忘的终景，其实就是“曲折尽致”。附近的诺瓦茶室也有类似的思路。西扎完成这两个作品时才三十来岁，但是手法已经非

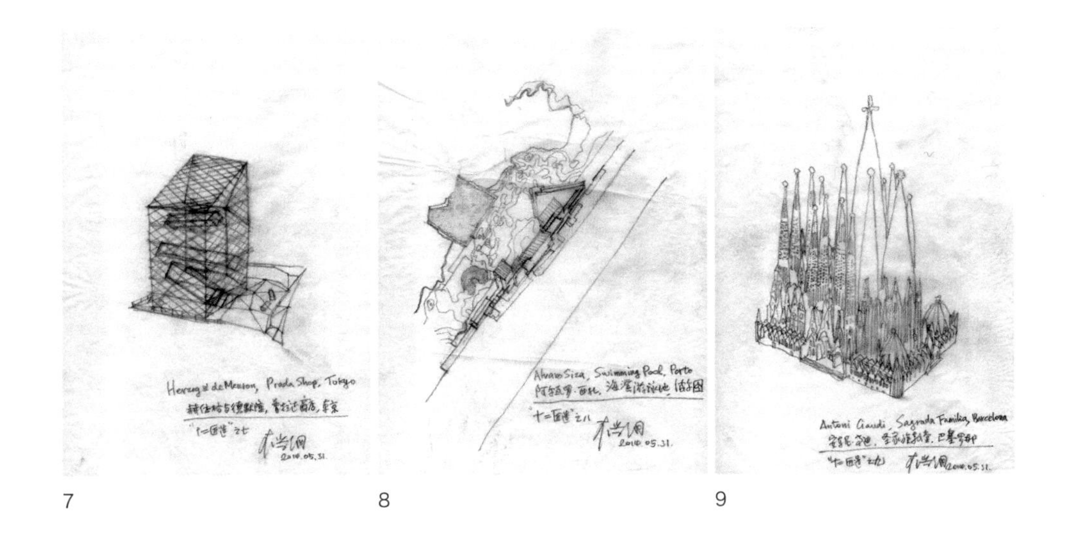

7 8 9

常成熟。西扎曾受到很多人的影响，包括他的老师塔瓦拉、阿尔托、赖特、路斯等。西扎的建筑对场地特征总有充分的回应和加强，他的建筑中经常会在秩序中出现巧妙而合理的偶然性元素，给人惊奇感并让人心领神会。西扎的建筑总有一种静默气质——无需解说，源于自己。

巴塞罗那的圣家族教堂（图 9）让我感受最深刻的是它的形式、结构、空间、光线、材质乃至色彩和建造的高度统一，它们背后隐藏着高迪式的高超、精密的几何和建造逻辑，是一种接近上帝的人工造物。在圣家族教堂之前，高迪还设计了位于巴塞罗那郊外的纺织学院教堂，是圣家族的实验和预演，可惜只建成了底座部分。高迪的建筑具有绝然不同的气质，甚至令人感到与自然造物的相似与靠近，达到一种高迪式的精神性。高迪是把人工的“自成”发展到极致的建筑天才。

赖特在我心里非常有地位，我学生时代第一个喜欢、研究并模仿的建筑师就是赖特，他的作品中有强烈的东方气质，这源于他受到日本浮世绘艺术和日本庭院及建筑的影响。东塔里埃森（图 10）的路径、景观、尺度、室内空间、材料、细部、家具等营造都非常精妙，是草原住宅、流动空间、建筑内外空间一体并与自然景观呼应等赖特设计哲学的集大成体现。在我看来，它也是一个如何将东方庭院转化为现代建筑的范例。

康在萨尔克生物医学研究中心（图 11）这个房子中实现了再次突破。虽然康说，“建筑就是自然所不能创造的东西”，但当他听从巴拉干建议，将苍翠庭院中的白杨树取消，变成一个太阳轴线下、

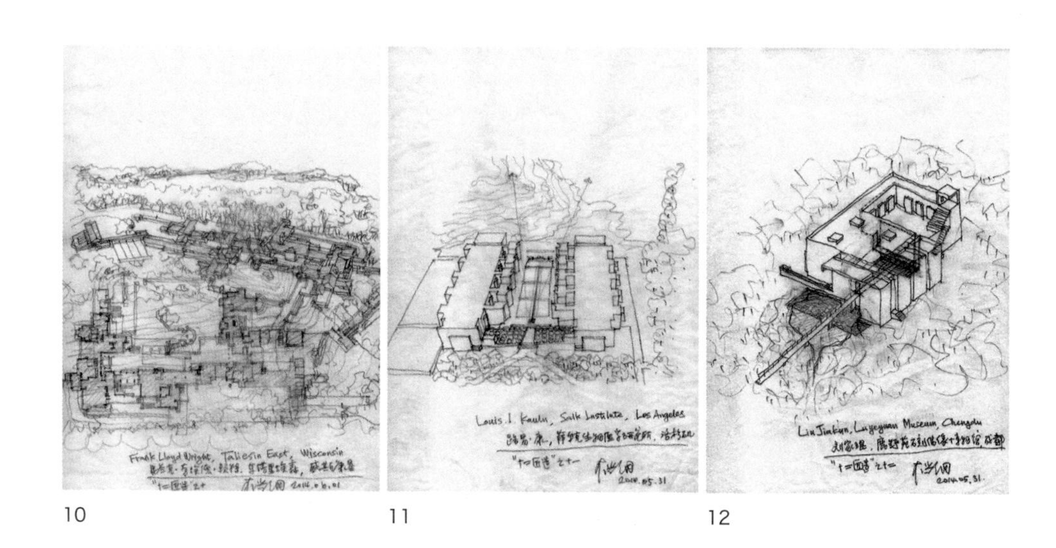

10　　11　　12

由中心水道引导直通向太平洋的“石头广场”后，大海和天空成为建筑及其空间的不可或缺，成为最动人的绝响。萨尔克生物医学研究中心是康的所有作品里我最喜欢的一个，也是我所体验过的所有欧美建筑师作品里最喜欢的一座现代建筑。在我看来，它让康这位建筑诗哲从以人工造作而“自成”转化达到人工与自然的“互成”。

十年后再次造访刘家琨的鹿野苑石刻艺术博物馆（图 12），重新感受那些早已熟知但仍可深切体验到的内容，诸如路径的引导性，植物和环境的利用，文学的倒叙手法与建筑空间的安排和人的体验相结合，意料之外情理之中的惊喜感，充满智慧的材料和建造手段将诗意与现实同时呈现，等等。除此之外，最让我触动的是，这个房子在十多年后，在时间作用下，通过与自然的媾合，绿苔水渍侵蚀包浆，已经成为半自然、半人工之物，那些林木植物和这个人造物之间不再有那么大的区分，就像是土地里自然生长的一个东西，它还可以更加长久地如此生长存在下去。我如此深切地感到，时间和自然可以赋予一个好建筑真正可延续的生命之感，只有那些真正的建筑，才能经历长久的时光和自然的媾合而愈加散发出魅力。家琨的这个房子很有他自身的气质，平静、拙朴、智慧但并不浅白直露，默然存在而无须解说，是我看过最好的中国当代建筑作品。

以上是我从二十多年的建筑之旅中，按时间顺序挑选出最曾受之感动与启发的十二个建筑，和它们背后著名抑或无名的匠师造者，古、今、中、外，城市、建筑、园林，它们都对我有着个人化的独特触点，它们也伴随着我的自我思考和实践的全部历程，我一直在边走、边想、边做。

作为建筑师，生活的经验和阅历对工作的影响非常之大。建筑最终是为人而做的，但建筑师也是人，什么样的建筑师就会做出什么样的建筑，一个建筑骨子里还是由设计它的人所决定的，会带出设计者潜在或显在的特征。文如其人，建筑也如其人。

我不想把自己的房子固定在某一种风格。或许艺术家的创作或者产品的设计有可能往固定的风格化方向发展，但是建筑是不应该的。因为建筑有它非常特定的属性，每一个建筑都有它专属的使用者、场地、功能、材料、技术乃至时代条件等等，完全风格化的建筑是不合理的。

工作室成立后，最大的改变是增加了工作的研究性。研究性作为很重要的工作标准，有特定的工作流程来保证设计、研究及其深度的进行和达到。同时，团队能提供更强大的研究和设计深度，它不是完全个人化的研究和设计，而是在我主导下的团队式的研究和设计。其中既有比较抽离具体设计的"设计性研究"，也有针对具体项目的"研究性设计"。

这两年我们的思考和实践希望能有一些方向上的自然聚焦。但是我也并不觉得一定要形成某种标签式的做法。我倒是更希望自己在工作中能够有一种更深层次的"潜在特质"的相通，是由于我自己这个人——我的背景、经历、兴趣、对建筑的本质想法而形成的，然后自觉而本能地表达出来。不同的建筑之间有着非表面化的共性，是因为它们背后都站着我自己这个人。我更希望是这样一种方式。

建筑本身是很物质性的，需要很强的操作性的东西。只有当你把一些关键事情想通并做通的时候，它才可能延伸到建筑产生的各个层面。所以在方向聚焦的同时，一些关键性想法和做法的不断试验和锤炼也很重要，有助于形成可以熟练使用的自我语言，最终是为了思想的顺畅进行和表达。

在人类世界，中国和西方并不是站在地球的两极、文化的两极。越来越觉得，中国和西方虽然可能在某些层次上有相当多的差异，但并不是非此即彼的关系。所以我现在其实并不想特别强调中国与传统，而是倾向思考普适的人性和当代。比如捕捉和思辨我个人阅历中所感知到的、碰触到自己内心的那些东西。这些东西有些的确可能是中国的文化和传统里所特有的，而有些则可能是不同的文化和时代所共有的，它们都属于人类和共同的人性，可以超越地域和时代。

（本文系李兴钢在深圳有方空间的讲座《十二匠造——那些旅行中感动和影响我的建筑》中的主要内容）

访谈与评论

瓦壁当山
——李兴钢绩溪博物馆研讨会纪要

时间：2014 年 1 月 11 日

地点：安徽绩溪博物馆

主办：《建筑师》杂志社 / 中国建筑设计院有限公司李兴钢工作室

主持：黄居正、易娜

嘉宾：

赵辰　南京大学建筑与城规学院副院长、教授、博士生导师

鲁安东 南京大学建筑与城规学院教授、南京大学 - 剑桥大学建筑与城市合作研究中心主任

董豫赣　北京大学建筑与景观设计学院、建筑学研究中心副教授

庄慎　阿科米星建筑设计事务所主持建筑师

金秋野　北京建筑大学建筑学院副教授

黄涛英　安徽省绩溪县人民政府副县长

李兴钢　中国建筑设计院有限公司总建筑师、李兴钢工作室主持人

任浩　中国建筑设计院有限公司建筑文化传播中心、《设计与研究》杂志执行主编

张音玄　李兴钢工作室主任建筑师

邢迪　李兴钢工作室建筑师

黄居正：感谢李兴钢，今天我们有机会来到绩溪，在现场讨论他的设计作品。以前我们做过一些品谈会，都是就作品最后呈现出来的状态来谈的，但昨天，绩溪博物馆的甲方、施工方和驻场建筑师给我们介绍了这个建筑在施工过程中所做的一些探索、实验，感受很深。作为一名建筑师，要想完成一个好的作品，会碰到各种各样的问题，要解决各种各样的矛盾，跟甲方、施工方，以及所处的时代环境、文化地理、历史传统、技术条件都有关系，这是一项综合性的工作。这次，在绩溪这么一个有历史沉淀，有文化想象的地方，设计一座博物馆，李兴钢和他的团队无疑想做一个很不一样的建筑，来回应这个基地。通过实地看这个建筑，我觉得，在他的作品谱系中，这座建筑应该说是他的一个新的出发点，其中做了很多探索性的东西。回溯历史，中国的建筑师们一直在沿着两条线探索：一条是所谓横向移植——全面学习西方建筑学，从教育体系、理论话语，到形式和空间的图式语言；一条是纵向移植——如何重拾断裂的中国传统文化，并通过新的结构和技术手段来实现传统的转化和表达，回忆起中国文化的悠远意象。在绩溪博物馆里面，我觉得李兴钢在纵向移植方面，思考了很多。昨天，通过甲方、施工方和驻场建筑师的介绍，我们也同时感受到了这栋建筑所呈现出来的一种矛盾和冲突，也有不尽人意的地方。所以，希望通过今天的讨论，一方面辨析绩溪博物馆设计生成的逻辑，解读空间结构的意义；另一方面寻找形式语言与建造逻辑的矛盾性，用批判性的眼光审视传统材料、构造节点在当代建筑中的转换性使用。

易娜：绩溪博物馆是《建筑师》杂志一直非常关注的一个项目，去年 9 月份，在北京的方家胡同 46 号，李兴钢老师举办了名为“胜景几何”的展览，此次展览在北京刮起了一股不小的旋风。在展览中，有一个几分钟的视频短片是关于绩溪博物馆的，从鸟瞰的航拍镜头中可以看到博物馆连绵起伏的瓦屋面与远山和绩溪老城的民居之间的呼应，感觉到博物馆本身传达出了一种很难以名状的气质。这种气质，你说是传统吗？是现代吗？是乡土吗？是徽州文化吗？都有一点，但又都不全是，这究竟是什么？是不是李兴钢所言的“胜景”。这个“胜景”究竟什么样子，这个建筑是不是在逼近他心目中所谓的“胜景”？此外，在绩溪博物馆建成之后，水院的照片一经在网上发布，引起了特别大的争议。喜欢欣赏者有之，质疑诟病者有之，这样一种做法和尝试，为什么会激起如此不同的反应，这本身也是值得讨论的事情。今天的讨论将围绕三个方面展开：

第一个主题简言之，是传统。今天要谈的传统可能是更加广义的一个概念，中国的建筑师可以说面临着非常复杂的传统体系，有西方传进来的传统，有中国自己的传统，比如现代主义的传统，后现代主义的传统，营造法式（官式建筑）的传统，有文人造园的传统，甚至现在很多新的建筑思潮，包括参数化等等，都要在传统中去找到自己的合法性和正当性。那么，一位建筑师在某个具体的建筑项目中，选择了哪种传统就意味着他选择了一系列的身份认同和价值认同。选择了一种传统，随之会带来一系列的范式和语言。怎么样把这种范式用现代的建造手段和形式语言呈现出来，是非常困难的。从这个角度来说，李兴钢选择了一条艰难的道路。所以我想第一个题目要由此谈起。

第二个主题，我们要谈一谈具体的“建造”。从概念到实施过程中遇到的一些具体问题，包括空间节奏、院落布局、材料选择、结构选型、施工中的细节、展陈布局等不同方面。

最后，从十几万平方米的海口会展中心，到威尼斯双年展中 40 ㎡的“纸砖房”，虽然李兴钢工作室的项目类型非常多元，规模跨度非常大，但这个作品跟之前的项目相比更明显地呈现出不同的“气象”和“差异”，绩溪博物馆在李兴钢本人的创作谱系中是不是有可能成为一个重要的节点，是否会对未来产生一些重要的影响，这是我们最后一个话题。

一

黄涛英：绩溪博物馆刚刚建成并正式对外开放，就迎来了我们各位专家、教授、朋友的到来，在此我代表县政府对各位表示热烈的欢迎，同时也对在博物馆的设计和建设中，付出巨大努力和辛勤汗水的李兴钢工作室的各位同志表示衷心的感谢！绩溪博物馆的建成是绩溪文化事业上及发展史上的一件大事，我们绩溪悠久的历史和深厚的文化在这个博物馆里都得到了充分的展示。作为国家历史文化名城，绩溪博物馆也是绩溪建筑史上的一件大事，因为博物馆在李兴钢总建筑师的亲自设计下，实现了我们徽州深厚的文化与自然山水的有机融合与创新，可以说是先进的设计理念与徽派建筑成功融合的一个典范，也是古城标志性的建筑。我想各位专家和教授在本次研讨会上将对绩溪博物馆的设计进行一次更深入的，多角度的交流、探讨与总结，我也希望各位专家与教授借这次对博物馆设计进行探讨的机会，对我们绩溪的古城、古镇、古村的建设与保护，多提一些宝贵的意见，促进我们绩溪古城的保护和徽派建筑的进一步继承与发扬，谢谢！

董豫赣：这栋建筑，作为李兴钢的一个新起点，我们该如何谈及这个起点？李兴钢的新起点到底是“几何”还是“胜景”？还是试图用“几何”制造“胜景”？

按李兴钢的介绍，这组建筑的“几何”有两层——控制屋架的结构“几何”，以及扰动流线的总图“几何”。整个房子屋顶看似自由的起伏，被精密的一榀榀桁架的结构几何控制，这里的“胜景”，是指屋顶如山起伏的造型；整组房子的总图有着严格的几何章法，却有意在两条轴线上扰动了一下，我猜这里的“胜景”，是李兴钢追求的总图间两条如巷道般的蜿蜒空间。如果是这样，“几何”就作为追逐“胜景”的造型工具而非目的，其目的是要制造山形或巷道般的胜景造型，胜景由几何手段所制造。

因此，这里的总图扰动，与埃森曼发明的几何扰动有些类似，埃森曼在谈建筑的几何自明性时，因为几何自明，它就无须对周遭反应，为了增加建筑的敏感度或是制造空间多样性，埃森曼提出各种几何扰动的方法。在这座房子里，李兴钢却提出两个题，除“几何”外，还有一个“胜景”，我以为，这就没必要学习埃森曼的几何“扰动”，我们可以学中国式的“扰动”——应景而变而动。这座建筑的总图“扰动”，除开巷道的意象外，很可能也因为这块基地先在的树，树的位置不是几何的，需要扰动来避开它们。昨天晚上，我在 ppt 里看到，主庭院里好像原来有棵很茂盛的树被拔掉了，可能是被几何干掉了。另外，将树在总图上的鸟瞰避让，也是贝聿铭当年在香山饭店的做法，但这只是环境保护的范畴，还没开始追求胜景，保护可以避让，胜景却需要追求，如果依童寯先生“眼前有景”的教诲，这些树与建筑的互动关系，就不止是空中鸟瞰的总图避让关系，空间结果也不仅具备巷道的空间意味，它很可能就有胜景的意味——但这需要将“胜景”定义清晰——它并非几何制造物，而是外在环境中的景物变化，这得将“眼前有景”的景，视为值得追逐的胜景之景，而非将它们视为几何造型的外部工具。

回到易娜要求的传统话题，如果能找到“法”的话，我们就可以回避对“形”的过分追求。如果一个“形”在它打动我的时候，就有机会发现它的“法”，那么在“形”上的很多困扰就不会花那么多的时间。

在康的萨尔克研究所里，几何与空间是合一的，它们尽端所框的大海景致没被几何语汇所干扰，但在这座房子里，几何有时作为工具，亦被表现，就像二楼贵宾室前的门楼，四面都是硬山，其屋顶歪斜的角度，是几何屋顶起伏序列的局部，它是几何工具操作的结果，埃森曼讲勒 · 柯布西耶用模度来控制房子，但最后是不会让大家在房子内总看见这些模度，他有一个更高的目的，这个目的，或说意，是高于这个工具的。

如此一来，几何，空间，材料，构造，节点这些建筑学问题，就没必要在任何房子里都要被谈论被呈现，需要辨析什么是工具或手段，什么才是目的或追求，用工具来追求目的，用形来达意。举例而言，我们研讨会的这个大厅内，如果几何空间是目的，这个螺旋楼梯的形就很可疑，置于柯布西耶谈论的体量语境下，这个螺旋楼梯就有意义；如果我们谈“几何”，这个“几何”是像阿尔瓦罗·西扎雕塑性的“几何”，还是像卡洛·斯卡帕线条式轮廓性的“几何”？一旦搞清楚不同语境，我们要做一个什么样的楼梯，要表现结构还是隐藏结构，是要表达节点，还是隐匿节点，就语言清晰了。这是易娜提出的第二个议题：建筑实践中的技术问题。

针对这个项目的精彩之处，我还想谈点我的感受。在整个建筑里有两个地方特别打动我。第一个是第二进院子——这个院有古意，不仅是树的问题，那个折返的屋顶，忽然从高处落下，就有在庭院内可感知的尺度，它们映照出一些大树在那儿，正好是那个坡顶的围“意”，而不是伪古代，不是伪传统，是那个“古意”在了。第二个比较打动我的是对那棵巨大古树的观感，我从那个庭院进去时候，因为停车场的空旷尺度，让我觉得那棵古树一点意思都没有，可是等我到了二楼贵宾室，回头一看，那棵古树密压过来，太棒了。我可以真心赞美李兴钢在建筑功能排布方面的能力，但又觉得意义不大，因为这可能是本科学得非常扎实。难点是经营某种氛围，如果思及如何利用那棵古木交柯的氛围，我觉得那个停车场摆到其他位置也可以，这时功能排布的功底才真正有效；另外，再比如说在半地下的位置，仰视那颗古树应该也是很棒的，毕竟横柯上蔽的意象似乎是仰视很好。

至于主庭院，我一进来看到那个像山的挂瓦山墙，尽管我知道它是垂直的，但依旧有山的倾斜意象，很有些不可思议，在我来看，这正是李兴钢想要的，他做到了，我喜欢这类心与手匹配准确的事情。

最后再谈谈这个项目最出彩的屋顶。既然请人代价昂贵地拍了个航拍，这证明它很值得鸟瞰，也证明它不太适合人日常的看。我第一眼从那张鸟瞰的视角看，非常像李兴钢在一次讲座里演示的一张中国陵园的图片——建筑与内部林木及远山的关系相当得体。但是，我在一层，无论是室内还是室外，都很难感受得到屋顶的存在，因为屋顶太高，因此，那个庭院内反转下来的屋顶因此才格外动人；而爬上二楼的感受就清晰一些，高耸的屋顶至此距人要近一些，有一个展厅，尽管流线是顺纵向展开的，但有几个横向长条窗，横看对面的屋顶很精彩，因为这类视角比较日常，也或许屋顶横向展开的坡度正好向下，易于身体感知。

后来，我爬上这个被设计的制高点俯看平视，在那处，如山的起伏屋顶，框住高低不一的树木，与远处真山林木递接绵延，人不能上屋顶绕树走走，真是一件非常可惜的事情，而在这处观望平台没有设计一个可居留的房子也很可惜。毕竟，白居易讲亭搜胜概，大概就是指这类位置，大概也是与胜景相关的位置经营。与下面水边的亭子相比，这处位置显然更为精彩，但我亦觉得水边那个亭子也需要，那个水边亭用不锈钢，我倒也不大反对，但为什么要做得那么粗犷，甚至从里头看，上面那一层玻璃也可以不要，做实也没有问题。从模型上看，李兴钢原本想做得更轻、更纤细，更小一点，然后出挑更大一些，但是因为尺度问题，技术问题，节点问题，大大牺牲了亭意，我觉得一个建筑师为将一件事情讲清楚，似乎没必要发明太多的节点，包括建造问题，构造问题都不应该是建筑师最后炫耀的事情，我觉得没有必要把重心集在这儿。至于那类砖瓦的做法实验，最好有 80% 把握，再去试那 20%，而不是实验了十种，最后仅使用了两种，到头来，每一个房子的工地都将主要精力花在技术或构造的试错上，为此牺牲意的推敲，很划不来。这算是我对李兴钢工作室的未来建议。

鲁安东：首先说下这个建筑打动我的地方。第一个确实是屋顶，特别是我上到上面的时候，感觉屋顶特别有趣。我没有那么近地去接触屋顶的体验。上去不光是看到一个几何，而是让我跟这个建筑发生了一个很奇怪的关系，所以我觉得这个作品建立了人跟建筑一些新的关系。如果从“胜景几何”来说，屋顶是“几何”直接变成“胜景”的地方，一个带有几何感的胜景。当然更重要的是，人跟“胜景”可以建立一些新的关联。第二个特别打动我的地方是一进来看到很多杉树，我特别喜欢。虽然杉树不是很有景观性，基本上只看到树干，树叶比较少，冬天叶子也掉了，造型不是很美，但是杉树在提醒我，这个场地不是一个完美的、传统的场地，它告诉我们，这个场地有很多故事，会给我很多相关的信息，让我觉得特别有趣。第三个地方是那个小院子。我感觉整个场地很有地景的感觉，而顶上有屋顶景观，所以那个小院子是场地和屋顶两个景观层交汇的地方，有亲近人的感觉。

我看李兴钢的作品回顾，觉得他做得越来越好。他最早的作品是看上去复杂，其实比较简单，但是后来的东西，是看上去简单，其实很复杂。再后来兴钢开始关注“几何”和“胜景”。谈到“几何”，我们一般会想到清楚的东西、形态、明确的秩序或者节奏关系，但我觉得兴钢的“几何”稍微有点不同。它不是形式，更像是一种带有叙事性的秩序，是一种变化的“几何”，它会导致一种叙事。而关于“胜景”，我感觉兴钢一直对园林有兴趣，“胜景”好像是从园林这条线过来的。当我们把“胜景”和“几何”放在一起的时候，可能会得出一些建筑问题。大多数时候，建筑师考虑的还是形式，建筑是没有内容的，但兴钢跟很多建筑师不同，一方面他受天大的影响很注意形式，但另一方面可能又受到来自于园林的影响，他很注意内容，建筑不再作为一个整体，而是变成人跟环境的不停互动，人在参与建筑的过程之中。建筑会随着人的参与出现一个异化的状态，有的会跟人越来越亲密，有的会跟人越来越远。所以我觉得“胜景”就是人如何跟建筑发生关系，人如何去拥有建筑。

接下来我想说的是叙事，我一直想从叙事的角度来解读兴钢的东西。来到现场我大概看到有五种叙事。

首先最大的一种叙事是历史文化的叙事。博物馆放在这个城市里边，究竟在用什么样的方式去讲述绩溪这个地方。如果做成所谓的徽派建筑也是一种叙事的方式，但是现在兴钢用他的建筑重新构筑了他对整个所谓徽州文化的理解。

第二种是对场地的叙事。我很同意建筑师应该以一个参与者的方式来做建筑，如果不把建筑看成一个项目的话，建筑其实只是场地物质流变的一个演化过程。就像王家卫介绍《重庆森林》时说的一句话，“主角不是那些演员，而是香港这个地方，只有它永远都不变，那些人在某个相同的空间里来来去去，今天发生这个故事，明天发生那个故事，但是它永远都是默默地站在那里，让这些事情发生。”因此，我觉得一个好的项目实施过程，就是一个叙事写作的一个部分。这次来到这个场地，进来第一眼就看到好多杉树，告诉我们这个场地的前身不是景观的场地，这是一个重要的信息。如果把建筑的建造过程看成是参与场地的话，不断把场地的历史纳入进来，实际上是对这个场地不同信息的一种呈现。

第三种是空间的叙事。这个包括很多现代主义者。这些现代理论家在解读园林的时候，都试图把园林还原成一种空间的叙事，比如说用路径、起承转合等来解读园林。这些解读的背后其实都是在试图用序列、节奏、关系等这样一些现代主义的概念来组织空间的体验。就像刚才那个院子，我感觉很小，大家说其实很大了，因为我们建筑师通常是用图纸来思考的，所以可能首先想到的和清楚看到的是那个地方的尺寸大小，而忽略了亲切程度所带来的心理上的大小。而在空间叙事上，我们建筑师可能需要从一个读者，而不是作者的角度来考虑这个问题。

第四种是建筑和建造的叙事。这个事情我提出来是因为我觉得兴钢这儿没有，特别好。我虽然在南大是讲“建构”，但我一直不太感冒，因为我觉得没有必要用建筑细节来说明结构或受力的关系、两种材料的关系，这在我看来是一种建筑师的迷狂。

第五种是身体的叙事，这是跟建筑非常密切相关的。身体在跟建筑发生关系的时候会产生一种叙事。这儿可能会涉及传统的问题。我觉得传统并不是一种形式语言，也甚至不需要跟历史概念挂钩，可以说传统既不是我们设计的出发点，也不是我们要达到的目标，它只是一个参照，或者一种语境。我觉得兴钢其实没有特别考虑传统，他只是将自己放在某一个思考的角色上。这个角色是一些心理角色，当他带着这些角色去营造或者体验空间的时候，他就已经在实践传统了。所以“传统”和“历史”有差别。传统其实只能在实践中呈现出来，离开实践，就无所谓传统，传统是一种实践的延续性。

兴钢便是以实践的方式，身体的参与，想象的方式来塑造空间。当他在设计这个建筑的时候，用想象中的身体来整合“几何”和“胜景”，“几何”在这个地方是关于空间里身体的一种秩序，而“胜景”是身体跟空间发生关系的结果。带有想象的身体可能是兴钢做设计的一个特点，而所谓的传统，实际上是他用这种方式做设计实践的结果。

易娜：庄慎是我们今天请来的唯一的职业建筑师，他最近几年完成的一些项目多有巧思，那么建筑师是怎么看待传统这个话题的。

庄慎：首先，我想从建筑师的角度去讲一个作品对于建筑师本人的意义。我在看这个作品，体会这个作品对自己有什么启发，觉得更像看书，照镜子一样，是一种印证。从我的体会来讲，一个建筑造到这个地步，建筑师的思想肯定有一定的延续性，所以我倒是不同意说李兴钢一直在变化。从李兴钢的中国驻西班牙大使馆，内蒙古元上都遗址工作站等一系列作品，可以看得出一个建筑师一步一步的考虑。他一定在找自己的方式，他自己内心最能够感应的东西。所以我想李兴钢从这个建筑其中一定会找到一些跟他原来的设想相印证的东西,或者说可以作为将来发展的一些东西。我想到冯纪忠老先生写的一句话，大意是一个建筑师只有走向自己的内心越深，走向所谓世界的道路才能越宽阔。我觉得这句话很有道理，因为首先你得了解你是什么人？你能干什么事？愿意干什么事？思维方式和本身的自我发现是非常重要的，我觉得这个项目对李兴钢和他的团队是有重要意义的。

第二，我想讲讲所谓的传统吧！前面两位老师都讲了空间，那么我就讲讲对建筑本身的一些看法。我借用董老师刚才提到的两个词：“形式”和“法度”，“形式”和“法度”作为一种手段，是彼此关联的。第一个是从形式上讲，李兴钢在此尝试的关于形式的一些方式——中国传统的几何的胜景，或者说是传统的美学，做得很精彩。我关注到它是因为这在我以前想来是一件很难做的事情，我以前对中国传统的形式进行演绎是持怀疑态度的，所以我更加偏向于空间。但前几周我去了莫高窟，看到了一组站立佛像，佛的精神气质有大自在，塑像的艺术水平高到利用他的衣服和站姿完全体现出了这一点，对于我这种弱化形式的人来讲很震撼，这里形式完全是气质精神性的东西。另一个是卧佛，利用脸部的比例与立体造型，观看者的站位不同，佛的脸部轮廓及神态也随之变化，形式能厉害成这样。当时我觉得形式还是大有道路可以走的，李兴钢的这个作品中好多地方显示了对于形式的传统与现在的可能性的思考。第二个是法度，普遍认为，中国传统建筑整个法度体系还是蛮严整的，而随形就势的方法特别多，形式的变化是灵活而自由，所谓“有法无式”吧。走进这个建筑里面来，我自己印象最深的是屋架，这就是一个好的法度与变化的例子，对我有很多启发。这个建筑从屋顶上面看，整个坡顶意向很明确，变化灵活但一目了然。而在室内，就有可能会碰到分隔对于整体感受的弱化问题，但因为有这些暴露的屋架结构，变化的整体就会不断被提示出来，让你在游走的迷宫般的空间里不失去对于整体空间的把握，这样，人就安定下来了，空间的气质也就变得安定下来了。另外，这些屋架的构造形式，对大空间，高空间是有重要控制影响的，让空间虽大虽高但不失尺度。而这些屋架本身的形式也很真实，在有些半室外的空间，走廊里看到屋架，虽然这不是传统建筑的形式，但你会觉得很自然。所以说回到所谓的传统，我也不觉得传统和现代有多少的界限，因为虽然现在与以前整个材料体系、建造体系以及生活都不再一样，但在精神气质上并无界限。

金秋野：我觉得这个房子是我比较喜欢的一个房子，所有体验都是新鲜的。我会不自觉地拿它跟贝聿铭的苏州博物馆做对比，因为一来都是在传统街区里，二来都有传统元素，三来都是院落格局的，而且都涉及人工和自然之间的关系。

这个房子可以说是李总的一个实验，从构造做法到大写意，从最底层一直到最上层的每一个环节，其实都在寻找自己的设计语言，这就涉及传统的问题。我们把传统化解为一大堆非常具体的内容。但主要可能就是两个方面，一个就是做法方面，比方说人工、物料等等。另一个就是写意的部分，是它的精神气质，情操的部分。那些属于技法材料的部分，我们要向工匠虚心学习，因为那套成熟的做法里边，实际上包含了一种自然选择的功效。随着时间的变化，一套做法、一套材料体系逐步演变达到某个稳定态，这东西其实是不能模仿出来的。相反我们硬要去模仿，反而落入到一种不自然的状态。那些属于意象的部分，我们要好好感觉，从精神情操层面去接近它。我觉得人工和自然，其实是有一个非常重要的主题的，提高人工的水平，使之更接近于自然态。而中国传统做法里边包含着这一层，所以我们才要从传统里去提取。方法上，我觉得就是不能太刻意。不一定刻意让一切都呈现自然面貌，也不一定强求自然物与人工物的明确对立，彼此对峙，只要因地制宜，在生成机制、外部表现和宏观意象等方面避免工巧，哪怕就是为了省时省力，或者在本地传统及现代的构造法上按需调配，都会让这个造型成熟起来。

黄居正：我想说几个方面。第一个方面，传统究竟是什么，它是否一定要有一种确定的形式，把传统的神韵传递出来。尤其在看兴钢这个建筑的某些部分，觉得这个形式必须有，譬如说水边的茶亭，斜坡顶两边的檐口不出挑或出挑不够，其空灵的神韵便减少了许多；但有时候又觉得这个形式可以隐去，如入口处院落中的假山，兴钢没有用古典园林中的湖石或黄石叠山理水，几片几何式的墙却同样营造出了假山的神韵，它们让我想起黄公望的《九峰雪霁图》和《剡溪访戴图》，画中自然的山体被抽象化，变成了一种更图式化的物象。第二个方面，在这房子里面，印象最深的就是空间“关系”。在我看来，兴钢做得最好的一点就是空间的分合。平面上看，空的部分，包括联系空的部分的几条路径做得很精彩。第三个方面，三个院落的序列问题，也是人跟空间的一个关系问题。比如说第一个院落是水院，给人感觉特别的亲切，人跟物质世界之间是处于对等的关系之中；第二个院落，进去后身体有一种被包裹的感觉，人成为了世界中的一个部分；第三个院落，森然的纪念性的气质漂浮在空间之中，人与世界的关系被疏离了。三个院落各有特点，并形成了空间的节奏感。第四个方面，是视点的变化。人在里面游走运动的时候，人的视点发生了从平远到深远，再到高远的变化，而这种视点的游移变化也带动了身体感知的变化，在传统的庭园里面，这样的经验我们十分熟悉。兴钢在这儿考虑的是否是一种对园林的现代转译。

二

易娜：前面几位老师就第一个题目做了非常精彩的发言，其中也已经涉及博物馆建造中的具体问题，我想“观念”和“实践”这两部分本来就是分不开的。下面我们谈一下博物馆设计和建造过程中的一些具体问题。

金秋野：下面就邢迪昨天晚上介绍的工地所做的一系列建造小实验谈一下我的看法。第一个，比方说瓦做的瓦帘，哪怕它有很好的表现力，能够让人感觉特别奇妙，但它不是一个自然的东西，非常的人工化。其实落水管干干净净地直接顺下来就挺好的，比挂瓦帘要好得多。这个实验其实说明一个问题：我们学习传统，有时候是为了摆弄物件的时候避免人为的火气、燥气。第二个，我觉得外墙的质感其实也是同样的问题，它追求自然的视觉体验，反而是一种很不自然的表达方式，因为它没有经过自然的磨洗过程。在这件事上，心态要比方法更重要，“自然表现主义”比纯粹的人工形象更故意。所以还是要从生成机制上去下功夫，才能让它近于自然。第三个就是几何化的假山和地面造型。我觉得与其说是对自然人为的表现，不如说是一种抽象的园林。它比我在效果图里看到的其实要好很多。它的本质是反自然的，因为它把自然进行了高度的抽象化和数码化，但是最后的感觉还是挺好的。原因是它设置了一个近人的尺度，而且这个尺度有另一种不同的质感。在一个非常完整的环境系统里边，创造出一种不同的气息。但是如果它要是可游、可居、可观的话，效果可能会更好。实际上它也可以跟建筑相结合，跟植被相结合，跟一切其他的东西相结合，不是一个全然独立的系统，把它当成一个底座来做，成为自然化催生过程的一个容器。第四个就是波折的屋顶，屋顶外观挺好的，但内在的生成机制就比较单调。因为为了形成一个非常丰富的屋顶，在里面适配了一套桁架系统。这套系统成了很独立的东西，而且它可能有点简化。其实更好的、更自然的方法应该是一套已经实践过的很成熟的，并且充满了空间意象的结构体系，然后让它在某种机制之下自然生成屋面的形象。现在屋面形象是一套数学法则生成的，然后再为它去配结构。让人感觉内在的空间松弛，缺乏力量感。

绩溪博物馆形成的三个小院落各有各的特点。这三个小院子我最喜欢中间的那个，两边墙的高度，加上那几棵树非常密，把上头天光给遮挡住一部分，下来的天光就变成漫射了，再加上房子里边的光，地面高高低低的变化，所创造出来的那种被覆盖住，但是又有高低起伏的那种感觉，有点像我小时候，雪天在落叶松林里面走路的感觉。它的光感让你感觉像室内，有包裹感。后面那个院很小，但是看起来很大，因为中间有个大树，从平台上回头看的时候，那个树让我想象到四季的变化。一个设计它能创造出这种让人记住的心灵氛围，很多年以后我还能回忆起那时候的气氛，我觉得就已经很不容易了。

关于设计语言的连续性，我再补充一点。比方说统一屋顶之下的多元格局的变化，不同的功能组织在一个连续的大屋面底下，这样的平面安排跟湖北博物馆有点类似。再加上它的设计跟府右街有点像，是院落格局和早期的城市空间同构。这些年李总尝试过很多主题，我列举一下：城市与建筑复合体；膜结构；不规则变化的几何体覆盖的表皮；复廊，即宽窄相间的正交网格确定的复杂院落格局；立面虚实与内部实虚的反转对应；切挖院落结构和波折屋顶；掌形平面和统一表皮覆盖下的复杂功能，精密计算的外表皮和带空间形体的取景窗、像素化假山石和自然形态，为游走而设计的单体结构。我列举了很多，但是我觉得它的连续性可能稍微弱一点。我是非常希望在这个设计里，用到的东西能够延续。延续需要合适的项目、尺度、规模、状态，所以怎么才能让不同类型、不同规模的项目之间都能用得上这一套东西，那就需要用一个统一的意图来安排所有的内容。

庄慎：我想接刚才前面讲到的一个词——“关系”，来继续说一下。在我们传统的美学或者是空间认知里面，关系是一个整体性的东西，它的每个体系有可能是独立的，但彼此是相互依赖，一个体系在成就别人的时候，自己的价值也就体现出来了。这个建筑本身有蛮复杂的一个关系，它整体中有一套公共系统，它会形成一个像聚落式的半开放空间，一个公园。我觉得这个本身的关系做得很精彩，从建筑本身而言，如果我们抽掉功能、抽掉展陈设计，它各个庭院之间相互的关系、组织，是非常完整的。但我也看到了值得讨论的地方，当一个系统它做得够强的时候，另一个系统就会很难做，这个另一个系统在这里就是展陈。从空间关系上，我觉得现在由不同设计单位介入的展陈设计还有遗憾，还没有最好地利用和体会到这个空间。

展陈设计的流线组织、光线利用和这个建筑本身应该相互依赖，缺一不可。这个建筑里有些地方的自然光线很独特，比如端头的天光，可以充分利用来进行相应的陈列，有的地方的自然光线提示了要再处理，比如展厅内的小天井，如何利用又避免对于展陈环境的干扰，这些都是值得细致推敲的地方。

李兴钢：展览陈列方面的设计是一个很大的经验问题。我们关于博物馆展陈设计的经验，都是从西方来的，而且多是美术馆类的。而中国的器物大都是小件的，不是雕塑，是一种很情境式的。所以这可能也造成了现在很多博物馆的展陈设计都是要闷在一个黑房间里，然后再用人工光源照亮展品来让它突出这样一种方式。

在这样的一个博物馆里面，特别是我们引用了大量的自然光，怎么能够跟展览的内容结合在一起，这是一个很复杂的事情，每一个空间可能都可以单独成为一个项目。董老师注意到了，我们把建筑的高侧窗跟内部小屋顶的坡面是结合在一起的，这样可以提供一些对于某些展品尺度更合适的展示空间，并可以回避掉自然光的影响。而在玻璃天井附近，我们把它设计成相对公共性的空间；对于发掘的遗址，还有那些“徽州三雕”，我觉得是可以最接近用美术馆类的空间和光线来展示的，所以特意安排了靠近天井的位置，同时也靠近展厅端部的三角形天窗，可以提供天光。另外我们也设计了展台、展柜、展板等等。这么复杂而且内容繁多的展览系统，怎么能够让它更简单清晰一些呢？于是我们又重新采用了建筑的经纬线控制系统，再进一步细化。但我现在想来，我们还是没有把这么庞大的系统控制得疏朗一些，或者更加疏密有致。有点像仓促之间做了一个快速设计，就交给展陈公司实施了。然后因为后面的赶工实在太厉害了，室内和展陈总体上完成得不太好。

黄居正：有的时候这个“形”真的很不重要。我记得去年六七月份，跟王昀、方海老师去云南考察民居，离香格里拉不远，有一个村落，本不在我们考察计划里面，路过时学生偶然发现的。说是村落，其实就是一个村民放牧时的临时居所，离它们真正居住的村子有十几里地。房子破破烂烂东倒西歪，完全不符合形式美的原则，用的也是截长补短特别粗糙的材料。但是那个地儿特别好，无论从高处眺望还是漫步其中，都特别的舒适，特别的美！美在什么地方，就是“关系”好，各个部分的关系，房子跟自然、跟山的关系，房子跟树木的关系，房子跟地形的关系，房子跟房子的关系，都很得体。

庄慎：我觉得李兴钢可能在尝试一些方式，比如说把现在的一些方式，传统的一些东西结合在一起，试图使这些不再有界限，这个想法很大。

董豫赣：没有界限的想法，我觉得有点牵强。刚才鲁安东带来赵辰的话，说是期待李兴钢不同项目的“不可预测”，我觉得不可预测，常常是一个年轻人初学建筑，处于试错阶段导致的结果，到李兴钢这个时候，需要找的倒是可持续可预测之路。我看李兴钢的那座几何假山，发现是他最近在许多项目里都比较持续的向往，我对此前景倒有些担忧。

我在尤伦斯做讲座的时候，张永和是我的对谈嘉宾，马岩松的搭档现场提问我怎么看待马岩松的山水城市。我说这个问题可以交给张永和回答。张永和的回答大快我心，他说，“如果你喜欢斗栱形的建筑，你就会认同山水形的建筑，它们是一件事情，都是在仿形，不管你是仿山水的形势，还是仿斗栱的形状，或者仿任何形。”这个就是我们今天讲的建筑的合法性，它总是栖息于形式与功能的平衡之间，而非一定要谁追随谁，没有功能的形式总有单薄的风险，没有形式的功能总难免简陋，我觉得功能与形式的平衡是一个技术问题，而当“功能”面临“愿望”的时候，是需要动脑子的。如果只是从一张名画的几何网格上来做一个疏密变化，让它变成某种西洋绘画的抽象构成，我对这个的担心是，你要做多久才可以抵达一个建筑而非绘画的合法性？因为合法性往下才有我们讲的“画境”，中国的画境与画意，非常幸运地处于比形式与功能更高级的形与意之间，且更为幸运的是上千年来都与身体有关——是身体的可行、可望、可居、可游，这都是建筑师应该干的事。所以，如果李兴钢的几何假山要是有些植物池或楼梯踏步的功能，如果这儿要是能够走来走去，还说不定有个洞可以睡觉，这个就是建筑合法性，如果为了这里有个洞，为了这个合法性去调整功能，就把建筑反过来了，是因为我有这个欲望，就要求调整一些功能，调整一下剖面，李兴钢具备罕见的剖面天赋就有的放矢了。

鲁安东：我记得你好像说过，你一直相信一个建筑有它的唯一解。那你觉得场地上现在是否趋近于唯一解？

李兴钢：是。我仍然觉得还是有这样一个倾向，但不是百分之百的唯一。比如说大的方面，像我刚才说，建筑要建立一个跟这个城市的结构和周围的地理环境的关联，包括跟场地的关联，我可能还会用这样的一个动作。因为当初踏勘进入场地的时候，我觉得最感动我们的就是那些院子和那些树，我能想象到这些树在这样的一个环境里都会让我们有触动，那如果留下它们，然后我们再做一个新的房子，它会更加地让我们感动。所以，像这个动作我还会说是那个所谓的“唯一解”，但具体的一些处理方法上，可能会有一些变化，而那并不是“唯一解”的内容。

庄慎：这个地方还有一个让我挺感触的事情，就是刚才他讲到跟场地、外界的关系。我是第一次来，很喜欢现场的气质，蛮谦虚低调的。大家想一下就知道，这座县城就是一个很普通的、人口不是很多的县城。今天很多老师都在讨论平常的时候不会有那么多人，不会有大城市消费的东西，也不会需要这样一个伟大的工程……我们往往会用习惯的角度去讨论，比如我们今天很学术地、从建筑学理论角度去探讨它，还有领导从政府的层面去探讨它，而对于当地的老百姓，我觉得这个房子对他们来说肯定是一个好得要命的房子了，他们对于我们现在眼睛里面挑剔的或者关注的很多事情，未必关心。一个房子的价值有很多样，比如你做一些形象性的东西，有人觉得是否有价值，但我觉得都有必要从另外一个角度去看，老百姓有时候会喜欢那种很快乐的东西，没有什么道理可讲的。所以我的感触是李兴钢的这个作品形象控制得挺低调的，即使是在里面的很多变化，感觉到有很多建筑师的愿望要讲，也还是以一种蛮克制的面貌显现出来的。

另一个感触就是，我们国内的情况，对于建筑师还是有很多可实践的机会的。建筑不止是习惯的观念当中，要么为了创造一个要消费的热闹，或者是差异性，或者是政绩，或者是一次性的杂志照片，建筑不仅仅是这样，建筑可能就是为了很多人。上次有一个人问我，觉得建筑师具有什么样的品质是比较重要的？我觉得，第一个是同情心，这么说倒不是把建筑师看得很高，反而是应该把自己对专业的爱放小一点，对世态人情的爱放大一点。

三

李兴钢：我觉得大家还是太夸奖了。我知道这个房子肯定是有很多的问题和不足，但是对我来讲，我觉得这次研讨会对我来讲最大的意义，就是能够更清楚我和我的团队所面临的问题，特别是一些很关键的问题，也能够让我们往清晰的方向更进一步，这是我特别想要的。同时，这个项目以这样的一些代价和经验教训，其实也是我们一个很大的收获。

易娜：前一阵史建老师为《新观察》组织了一系列的文章，金秋野写了一篇文章题为《鸟巢之后的李兴钢》，好像以鸟巢作为一个标志给李老师这十年来的实践划分了两个阶段，并且把他的工作放在一个更大的家国背景里面看待。

金秋野：鸟巢之后，过了很久我才认识李总，所以我说那话，其实也没有什么合法性可言。如果说我有一个希望的话，其实我希望李总把他的“几何”这件事情用另一个更精确的词来替代，就像“模度”这样的词，不断调试、凝练的基础上，发展出一种建立在真实身体感受之上的方法论，而且在接下来的设计里面非常沉稳、扎实地去实践这个东西，等到它相当圆熟的时候，“胜景”自己会出来，也不用提“传统”，也不用提“园林”，或者其他的。其实我们不管在做设计，还是在写东西，都要涉及一个问题，就是你自己的语言是什么，你凭什么这样说话，你有什么道理？我们每个人都在建立自己的观法。

董豫赣：“胜景”应该有一点挑选的味道，应该是一个有意识的、有判断的东西。这个词出现的并不太早，频率并不高，到近代出现的比较多。早期谈它的时候，大家都觉得那个是个好东西，比如到那儿去看，大家都觉得那儿不错，所以它肯定是有一个判断在里头，或者有一个欲望在里头。

李兴钢：确实刚才秋野说的那句话挺重要，就是把“几何”转换成更准确的一个词。因为这个我始终需要加以解释，不断地在强调，在几何的构造过程中，最重要的是人，就是说几何它不是一个由上帝操作的几何，而是应该关注人的身体性，并将他的视觉和体验跟他的心灵和精神能够链接的一个几何，是这样的一个工具。

鲁安东：一早我还想到一个词，叫“框”（framing），我一直在想几何跟胜景是什么关系，我的感觉是你的建筑最后很像是用来不停地“框”自然的，给它不同的框法。

李兴钢：框景是一个比较简单的方式来体现人工物对自然的一种加工。胜景，之所以成为胜景，在我看来，它并不是我们眼前这个纯粹的大自然，而一定是一个经过人工加工的自然。人工的加工并不只是说简单地给一个画框，而其实是人的“心窗”的反映，是在他的内心所产生的诗意对人工界面的一种投射和影响，他觉得这样一个被加工过的自然的景象，可以跟他的精神世界产生关联。

但是我没把它叫做“框”，我把它叫做“人工的界面”，这个界面实现的方式可能有很多的途径，可以是一个很简单的框，也可能是一个通道，当然还可能是更为复杂的东西。比如说昨天我们坐大巴车穿山而行，每次一出隧道的时候，徐徐弯过去看到那个半圆出口时的画面和感觉，我觉得那就是一种人工的界面，是对天空和自然的加工，可能会在你心里面产生一种类似诗意的触动。这其实是经常存在于人的生活体验里面的。对于建筑师来讲，营造和不营造的情况当然会不一样。把建筑放在一个美好的自然里，不同建筑师做的方法很不一样，我觉得可能我们想要做的，就是要在自己的工作中有意识地去营造这个东西。

董豫赣: 我觉得你这回讲的比上回讲的要有趣得多，因为上回你讲座时讲，胜景就是外面的东西，只要我能看见的就是好东西，其实这是一个比较不负责任的讲法。胜景方面，我觉得你否定了“框”这件事，我个人也不太同意。但是我觉得至少去讲“框什么”，是要去做事了。我们过去的建筑学，好像就只讲如何来做这个框子，只是在做一个洞，那就与胜景不发生任何关系。

李兴钢: 我觉得还有一个很重要的因素是“隔离物”，就是你要在被加工的自然和人工的界面之间，在将要形成的画面之中要有隔离物的存在，因为通过隔离物才能更好地制造距离感，从而产生出层次和深远感。比如说这个庭院中假山和瓦墙前为什么要有水面，其实是因为水就是一种将景物隔开、拉远的要素。还有为什么雨天大家觉得在建筑的庭院中会更有气氛，是因为雨雾也是隔离物，会增加人对景物的距离和想象，当然也有场景的某种经验和记忆的提示在起作用。所以这些都是需要有意识来设置和想象的，而这都是通过园林的学习和体验可以带给我们的。

另外我觉得确实在以后的工作里面，还要有些其他有意识的研究和实践，比如说昨天我临出来看黑川雅之写的一本书叫《素材与身体》，提到了关于他做设计跟身体有关系的大概十个要素，其中一个要素就是“偶然”，是放弃周密计划而产生的创造性，就是你不要把所有的东西都想得很周密，要让参与者去产生想象——意即这些貌似不周密而产生的破绽，使参与者有了想象，也使自己的作品产生了创造性，实际上就相当于让设计者和参与者共同来营造出一个创造性。我觉得类似的东西在以后我们的工作里面可能会出现。

张音玄: 今天各位老师来看博物馆，提出了各种各样的问题，我是作为前期参与的设计师，觉得很多事情没有做到位，需要自我检讨一下。另外，现场发生了很多变更，实际上是事先没有想到。李总原来也说过，设计是一种合作，如何既能表现个人想法，同时能让这些想法实现，就是可能需要团队合作。对于“几何与胜景”，我个人感觉，李总是在寻找一种方法，之前带我们参观过园林，我觉得是想找到一些能够具体操作的人，找到能通过设计师的想法有意识地具体提出构造做法的人，最后发展出一种合理的做法，而不是到现场发明。“胜景”可能还需要李总来帮我们逐渐找到一个明晰的方向，一个操作的层面，我们才能以一个团队把事情做到位，我想可能最后建筑的完成度体现在这儿。这是我的一点感受。

四

黄居正：建筑学界需要一种批评，批评实际上是一个思辨的过程。通过这一过程能让我们更清楚地去认识当代中国建筑学所面临的一些矛盾和问题，这是我们研讨会最重要的目的。

其次，兴钢刚才说，绩溪博物馆实际上是把以前参观苏州园林时，那些积存的记忆、体验、意象还原出来，而还原的过程需要落实到具体的物质层面，包括结构方式、材料选择、细部节点等等，都要围绕着最初的心理意象去形塑。还原得如何，其材料逻辑、空间逻辑，以及形式视觉逻辑是否得到恰当的表达，是建筑师评价建筑的最基本的一个方面。

第三，今天我们虽然研讨的是绩溪博物馆，但这一建筑所体现出来的文化抱负和职业理想不仅仅是兴钢个人的思考和追求，也是百年中国建筑现代性转换赋予当代建筑师的共同责任。

易娜：最后谈一点点感受，前一阵开编委会的时候与王骏阳老师一起聊天，谈到面对目前国内大量的建筑项目，什么样的建筑才是值得研究和评论的，王老师说：只有一小部分对“建筑学”有所贡献的建筑才值得“研究和评论”，这话让我深以为然，今天一天的谈话也再一次印证了这一观点。

[编者按]：南京大学建筑学院赵辰教授因日程冲突未能赴绩溪参加本次研讨会，会后特地将其观点整理为文章，在此发表一并与读者共享：

绩溪博物馆，“大绩溪”的宣言

儿时写字在砚台上磨墨，就认得了徽墨上的“绩溪胡开文”；在杭州的生活也自然晓得“胡庆余堂”，后来读书又得知了胡适之大人，都是出之于古徽州的绩溪；以至于后来很容易在认识的胡姓朋友中联系到绩溪，“绩溪胡氏”也许是我最早建立起来的人文地理概念之一。徽州文化的力量，在中国东部各地都是可以感受到的。绩溪这个黄山／天目山区的小城，与歙、黟、婺等城镇共同支撑起了中国江南人文地理的名望之地——徽州。在新的历史发展机遇下，绩溪博物馆，作为一个地域性的文化建筑，显然将集中地反映绩溪的此地此景及相应的人文精神。接受此项任务的李兴钢建筑师所要面临的挑战，其实并不小于贝聿铭先生所面对的苏州博物馆。

我们所常识的徽州文化，是由这片灵秀的山水孕育的；主要发展于宋代尤其是明代之后，神通广大的徽商。早期以山林特产，木材、茶叶、草药等经新安江入富春江至杭州；或经安庆经长江至南京、扬州，乃至江南各地尤以近代上海为国际化的大都市；进而在清代涉猎官盐、钱庄、船政，商贸的触角遍布全国各商埠，经济实力成为晚清国力的主要支撑。由于光宗耀祖、回归乡土的传统意识，徽商投入了从各地商贸成功的大量钱财回馈家乡，兴修住家、祠堂、牌坊，以及村镇公共财产。今天人们当作著名“乡土”文化来欣赏的“古徽州”，其实是得益于走出山林的徽州商人，得益于敢于闯天下的“徽骆驼”，得益于与山林以外的广袤经济、文化环境相交融的大徽州文化。

徽州的地域建筑，正是在此前提之下，而显得建筑的建造水平上明显高于其他地区。自20世纪50年代中期，刘敦桢先生及南京工学院中国建筑研究室发起的南方民居调研工作，徽州（或称皖南）民居被逐步系统地归纳总结成文，并作为中国代表性的民间建筑类型而出版。随后在多次民居建筑研究的浪潮中，徽州民居都是作为重点被不断深化研究，并开始在建筑创作中运用。由于我们建筑学术界多年来普遍性的对建筑文化传统之表层性理解，徽州建筑被定义为一种地方性的建筑形式“风格”，并被逐步归纳为“深墙窄院镂花窗；粉墙黛瓦马头墙”的“徽派建筑”，还另加以所谓“三绝”、“三雕”等所谓特色，实际上都是南方民居普遍具有的规律性建造处理和装饰手法。在整体的低层次的建筑认知水平之下的，一时间，在长江中下游一带的各种住宅楼、商业街、办公楼、文化中心、博物馆等等各类建筑，都有大量的这种“徽派建筑”的重复性显现。我在厌恶所谓“欧陆风”的同时，其实一样讨厌这种所谓建筑上“徽派”风格；在我看来，所谓的“徽派”风格并不能因为是来自于中国的民居而“根正苗红”，就可以免于被审视。事实上，所谓“徽派”与“欧陆风”等风格，同属于流于表面和建筑局部的对传统建筑之模仿，都是廉价标签化的建筑风格，都是稍纵即逝的时尚风潮；都脱离了从建筑文化传统中理解设计创作真谛的途径，偏离了对文化传统的真诚态度和对话的机会。

我很高兴地看到，李兴钢的“绩溪博物馆”完全跳出了“徽派”风格的魔咒：从场地的处理到群体空间的布局，从形体的组合到建造的逻辑，显然都有自己独到的研究和策略。从有限的图面资料了解的这个作品，在群体空间组合与单体建造逻辑这两个层面上，做到了一定意义的整合（Integration）；其中大胆运用了框架柱网、片状山墙、轻型屋架的多重建造手法，构成连续起伏的屋面形态来象征绩溪的山形水势，并彻底打破“徽派”风格的空间封闭性和垂直向度空间特性。也在严格控制的街坊建筑尺度条件下，以保留基地的树木而交错连续的博物馆屋面，营造出了一片有节制的城市新肌理。同时，人们所熟悉的徽州建筑之粉墙、漏窗、小瓦等各种元素，也被抽象变形地表达了，但是被成功地限制在现代建造逻辑之中，这显然是一种忠实于现代建筑基本规律的适宜（Appropriate）策略。

李兴钢的这种探索是值得赞赏的，体现了一个优秀建筑师同时面对地域传统和当下生活的真诚态度。绩溪博物馆，表达了在当代意义下的徽州文化如何被重新诠释的可能，我相信，这正是徽州文化乃至中国的大部分地域文化要面对的现实。程式化的所谓“徽派建筑”，不能解决我们的传统发展问题，只能让我们的传统趋向于僵化。当年胡适就曾对绩溪的人文地理提出过“大绩溪”的概念，其意指出绩溪在地理空间上是一种走出去的文化，而不应局限在绩溪地域之内的“小绩溪”。这不是已向我们表明了拓展原有的地域文化，才是绩溪乃至徽州文化生命力所在。设想，当年若无“徽商”走西口似地向外拓展，何其有所谓的“徽州文化”之成就？在我看来，绩溪博物馆，向我们表述的正是“大绩溪”的宣言，是行走在地域个性与时代共性相融这条路上的成功之作。

赵辰 2014 年 1 月 20 日于宁

（原文发表于《建筑师》，2014 年 02 期，文字有删改）

暧昧的识别性
——李兴钢建筑作品对话会

时间：2013年10月25日周五10:00

地点：北京车公庄大街19号中国建筑设计研究院

主办单位：《城市·环境·设计》（UED）杂志社

主持人：

王路　　清华大学建筑学院教授、壹方建筑工作室主持建筑师

嘉宾：

王辉　　都市实践建筑设计事务所主持建筑师

王昀　　北京建筑大学建筑设计艺术研究中心主任、方体空间工作室主持建筑师

梁井宇　场域建筑事务所主持建筑师

黄居正　《建筑师》杂志主编、著名评论家

周榕　　清华大学建筑学院副教授、著名评论家

华黎　　TAO·迹建筑事务所主持建筑师

柳青　　《城市·环境·设计》（UED）杂志社执行主编

“胜景几何”

李兴钢：很荣幸能够在工作室十周年之际与UED一起策划出一本建筑作品专辑。同时，也希望通过杂志专辑的形式面向外界以及更为广泛的受众，接收到更多对于我们工作的评价与批评。

除此之外，我们也希望能够用这种方式更为翔实地将每个项目从构思到实施的过程全面整理和呈现，通过对经验、教训的反思，作为对我们自己工作的阶段性总结。希望通过今天这场对话会，能够更为直接地请各位老师给予看法和批评，使我们获得相应的启发以及收获。在进行对话会之前，我想用我们工作室最近做的“胜景几何”作品微展的前言展开我对于个人建筑思考及实践的梳理和介绍。

“几何与胜景”，是李兴钢建筑工作室逐渐明晰的实践方向。

几何——与建筑本体相关，是结构、空间、形式等互动与转化的基础。赋予建筑简明的秩序和捕获胜景的界面，体现人工性与物质性。

胜景——指向一种不可或缺的、与自然紧密相关的空间诗性，是被人工界面不断诱导而呈现于人的深远之景，体现自然性与精神性。

当下中国建筑与城市建设的严酷现实是生活环境的过度人工化，将人们逐步推离往昔悠久的生活理想，人与自然心心相印的独特传统，被由上至下、从专业到大众集体放弃，千城已一面。于这样的现实之中，我们何以建构和修正当代生活的诗性世界？

微展以模型和影像的方式，呈现一系列以建筑本体营造空间诗性的实践。它们由多样地域、城市中的自然因素入手和引发，表述对传统的敬意、对现实的改变，对一种文化及生活理想的回归。

胜景几何？

这既是我们工作的方向与内容，也是对当下现实缺失之诗性和理想世界营造之努力的省问。思考仍在继续，实践仍在进行。

在这个微展中，我们试图通过把几个重点项目的关键几何要素，采用大比例的模型表现出来，让人能够在一个小小的展览空间里也能够感受到我们的建筑在“几何与胜景”方面的思考。

关于“几何”，大处着眼的话，即是对于人工和自然之关系的深层思考。

其中，关于所谓“人工的自成”，我选取了两位建筑师作为佐证：一位是安东尼奥·高迪，他可以将建筑的结构、材料、形式、空间甚至色彩等方面要素高度统一，比如他的代表作圣家族大教堂，即使是顶部极富自然装饰性的顶棚/天窗，实际上也有着非常精密的几何逻辑作为支撑，通过对应的材料和结构、技术施工呈现出来，使这个建筑带给人一种精神层面的神圣感。

另一位是路易斯·康，他也通过几何或者说是对于建筑本体的操作，在物质性的建筑中实现了一种精神性，亦即他所说的“静谧与光明”：不依赖自然，而通过人工的方式达到前面高迪所做到的精神性高度。但康的萨尔克生物研究所，跟他以前的作品不太一样，在这个作品里，自然元素成为建筑核心空间中不可或缺的要素，自然和人工在这里达到了一种“互成”的状态，也成为康的建筑中最打动我的作品。

关于所谓“人工和自然的互成”，我选择了清东陵作为例证。同是皇帝的陵墓，清东陵十几座帝后陵寝呈现出与埃及金字塔完全不同的“风水”格局和理念，体现的是一种人和自然之间的密切关联，它们共同作用形成一个整体，彼此之间不可或缺，成就“人工和自然的互成”。

再以一个我们在中国驻西班牙使馆项目的遮阳窗构件为例：一个经由严格几何控制做成的人工构件被放置在平常而无趣的街景之中，就可以变得有画面感，带给人某种诗意的体验，这样的一个状态实际上是由这个人工物和与其面对及身处的自然环境共同作用所造成的。

实际上，我们的工作其实都是在围绕着这样的一个主题——人工物可以比这个构件做得更为复杂，衍生成一个大小、规模、性质不一的建筑，而这些建筑的设计与生成一方面是在“几何”的控制下形成其独有的结构、空间和形式；同时又跟其所处的“自然”(天然的自然或者人工营造的自然)紧密关联，最终达到两者互成的状态。在我看来，这是一个建筑理想的、具有诗性的一种状态。

至于“胜景”，其实是希望我的建筑努力追求达到的一种状态，我称之为“与自然密切相关的空间诗性”。“胜景”包含的具体元素有人、景、界面以及叙事、隔离物等。人，是其中最为关键的要素，是使用者和体验者。景，是静态的被观照对象。这二者中间存在一个界面，这个界面就是由人工的建筑通过几何的作用所形成。最具诗意的自然并非是纯粹天然的自然，而是被人工捕获、并与人工互动互成的自然。有的“自然”实际是一种人工化环境下的无趣而现实的自然，通过建筑的方式，也能够使得这样的自然变得具有诗意。也就是说——“胜景”通过“几何”而实现，以建筑本体营造空间诗性。形而下的“几何”与形而上的“胜景”互为因果，最终“几何”转化为“胜景”。说到底，就是营造人工与自然之间的互成，它们所构成的整体成为使用者的理想建筑和生活世界。

不同项目所处的地域或城市中，自然因素的多样性和唯一性成为设计的引发要素。也就是说，针对每个设计，我们面对的状况不同，这些不同的状况便是我们每个设计开始的起点和理由。我们的实践工作会面对两种情况——一种是在“既成”的城市和建筑环境里，如何能够通过建筑来修正诗意的缺乏，将现实而无趣的环境变得有诗意、更积极，以此改善人们生活中某些不理想的城市现状；另外一种是在“将成”的城市和建筑里，营造出面对自然的诗意。我觉得建筑师并不是全能的，我们并不能解决所有的问题，而是在力所能及的范围内，在营造有品质和诗意的建筑的同时，改善人们当今粗劣、浮躁的生活环境。

内在的转变与外在的影响

王路：对你提出来的“胜景几何”，我有一些误解：“胜景”的英文“spectacle”就是奇观，是一种视觉上的奇特效果；“几何”，你即便不强调，它在建筑中也会存在，其实我觉得你的很多对建筑的思考比几何要重要得多。

早期的兴涛接待展示中心，侧重对建筑中动态空间的营造。记得2002年第一届WA中国建筑奖的评选中，这个项目也入围了。在2012年的WA中国建筑奖评选中，“元上都遗址工作站”和“海南国际会展中心”两个项目参与了评选。对于元上都遗址工作站，评委们有些争议，认为蒙古包体现的是一种游离的生活状态，轻巧便捷，圆形帐篷的构造也相对简单，但这个建筑实际以混凝土作为结构体，再外包一层膜，与蒙古包传统意义上的轻盈相去较远。

由兴涛接待展示中心提到园林，我看古典园林对你的影响还是很大的。在相当长的一段时间里，从你对作品中园林手法的处理，也能让我察觉到你的低调内敛。在这一点上，你的为人和你的园林情结达到了某种层面上的统一。对于园林，我认为它本身的内涵和初衷，在于如何在一个封闭的内核里做文章，将其往大处做、往细处做。我发现，在你做的过程中，对你逐渐产生影响的事物开始介入。早先，你的建筑相对封闭，就像你对于别人的评价并不在意，但慢慢地你希望建筑的内在有所表露和呈现，外部能够反映你内部的种种“折腾”。近年来，你的据点从北京、唐山游移到内蒙古、海南，显得更开放，而不再是完全立足一个限定的地域，从而有了更多的交流。我觉得这也是个转变。

另外，你在大院这样一种状态下进行建筑创作和实践，大院有各方面的支撑，也有大院的任务，那么对你自己的创作发挥有怎样的约束？同样，在大院里，你有机会与国际知名事务所合作设计建造大型公共项目，在这种合作的过程中，对你的工作方式又有什么样的影响？

李兴钢：“胜景”这个词很难翻译，“spectacle”显然是不合适的。所以最后的翻译采用了汉语拼音“Sheng Jing”，就像“风水”译为“Feng Shui”一样。对于不同身份、不同状况下的建筑师的工作模式，我算是都比较熟悉和了解的。很多人会质疑大设计院的独立性和批判性，作为企业整体或许确实如此，但是作为大院中建筑师却未必尽然如此。大院环境的优势之一在于，让我们有更多的机会去参与大型项目的竞争，同时大院也会集结一些优秀而全面的资源作为支撑，例如好的结构工程师等，给我们创造一些比较完善的工作条件。

但对我来说，真正重要的是来自于对自我的挑战：建筑师如何才能把房子做得更好？这也是所有建筑师都要面对的问题。回想跟赫尔佐格与德梅隆的合作，对我特别有触动的是他们的工作方式，一方面是设计工作的组织方式，另一方面则是对待建筑的工匠式态度，他们对于建筑方方面面的研究，对我有非常大的触动。现在反思起来，我觉得并不排除对我产生了潜移默化的影响。还有一个好处就是祛魅。原来一直感觉大师都很神秘，高高在上，但是当你跟他们有密切的交往和工作交流，就会知道他们也同样有非常苦恼和纠结的时候，需要通过不懈的研究慢慢找到方向，一步步确定想法而达成一个很好的结果。这种大家都同样会面对和呈现的、属于建筑师的职业状态，带来的这种“祛魅”作用我觉得也很重要，让自己能够有更多的信心把工作做好。

复兴路乙 59-1 号项目刚刚建成后，引起一些影响和关注，当时我专门写过一篇文章，试图表达这个项目并不仅仅是单纯的“表皮”建筑，而是结构与内部空间、外部景观共同作用的结果。但后来再反思这个项目的时候想到，赫尔佐格与德梅隆的所谓“表皮”也并不是纯粹的简单的表皮设计，而是加入了很多空间、结构、功能的互动。从这个角度讲，我肯定还是受到了相当的影响。

另外，说到影响，实际上建筑师这个职业很多情况、很大程度都是一种自我教育，一定会受到很多方面阅历——特别是很多人的影响，可以是其他建筑师，也可以是一些艺术家。每一位建筑师身后都站着很多人，这是我个人的看法。我们工作室对高迪、康、柯布、西扎、赖特等都专门做过深度的阅读研究，他们对于建筑本体——如形式、结构、材料、空间、几何等的思考和处理方式，让我有很深的触动和共鸣。

未来主攻的“方向性”

梁井宇：我虽然跟兴钢认识的时间长，但对他的了解却不一定全面或者客观。在学校的时候，我的印象是他对赖特的痴迷。今天看到他提出“胜景几何”，实际上感到既意外又不意外。当时我感觉，他所痴迷的其实是一种赖特不同于其他几位现代主义大师的东方情调，并通过关注到非常多的细节和比例来学习和模仿。在我们当时学生生涯里，还没有太多成熟地表达设计的技巧的时候，他在平面图、立面图和剖面图的表达上，已经有非常深入的研究，并取得了某种几何技巧用来组建他的设计语言。回到今天，当我看了这么多作品后，我感到这是他在这些年来自然发展的结果。

首先，“胜景”和“几何”的提法如果是作为一个实践的方向理解的话，它应该具备“其他人按照这种思路也能够达到同样目的”的特性。也就是说，同样能够达到你说的空间的诗性、人工与自然的互成等结果。但事实上并非每个人都能做到。几何也好，胜景也罢，实际上都是设计中所运用到的元素或者工具，再或者说是我们实践方法的一部分。似乎称作一种修辞手段比实践方向更合适。

其次，我认为在你的建筑里，不断地出现了很多韵律，这些韵律又和结构有着非常深刻的关联性。这是在我以前的观察里没有看到过的一个现象。以前的作品可能更接近于装饰与美术，近期的作品更多的受到了现代主义大师的影响。这个时候，你的建筑里面诗性的体现，其实并不完全是你所提出的“几何”与“胜景”。我倒是觉得建筑的尺度给了你更多的优势和机会。就比如说像我们以及其他的一些独立建筑事务所，未必有机会接触到的大体量和大尺度的建筑，你却有机会接触到。那么这时，你很自然地就找到了一种结构与小体量、小尺度的建筑之间不同的语汇。结构的构建和计算最终演化或者转换成一种你认为的和自然或者和空间生发的韵律，这一方面在近期的作品中出现得也比较多。

另外有个问题，是不是因为正好是在设计院里有机会做这样的一些与国际大师构成一个庞大的团队进行协同合作的建筑项目之后，当你又试图回归成小团队合作的时候就容易造成一些细部处理的问题？一个大项目，本来需要一百个人都细致，才能最终实现原先的设想。每一处设想都有非常出色、非常优秀的地方，可是当我们把它们放在一起，因为雄心过大，最后落到实处的时候，你会不会总感觉到没有完全百分之百的实现呢？

当漫不经心的时候做出来的设计，总比带着很多的抱负和很多的要求去做设计出来的效果要更好。应该说在一个大的设计院里，关于体量或者建筑类型，都是你不得为之的一种选择。所以我觉得你是不是可以考虑以此作为方向，或者一种类型。日本建筑是一个很好的例子，每个人在国际舞台上亮相，都有一个主导方向。而中国建筑师可能大部分还在单独作战，也是每个人都追求全能的阶段，如果一个群体之间可以相互协作又各自有不同的方向，也许整个中国建筑界未来呈现的会是一个了不起的结果。

李兴钢：我觉得人其实挺难认清自己，或者说很难用一两个词就把自己表达出来。“几何”和“胜景”是我心里喜欢的，也确实是我在工作里时常关注的。但这两个词是不是很准确，是不是我内心的真正表述，我觉得自己看得未必有他人那么清楚。说到“执拗”，我觉得这个词很精准，矛盾和纠结在我身上的确存在。但是，在无论体量大小的项目都要做的前提下，我还是希望有某种一以贯之的理念，然后根据具体情况不同，最后得出不一样的结果。

项目一大，就难免失控。因为大的项目涉及的人、事等各种因素太多太复杂，而这些因素常常是建筑师所不能把控的。团队也有同样的问题，一个大项目用一个小的团队支撑，既难也累。小项目当然还是更容易做好，至少是更容易把控的。可能跟我在大院待的时间长有关，这段长期的经历或许让我对社会有了更大的责任感：做任何项目不再是一种个人趣味，或者一种有选择性的实践，从某种角度来讲，若要对社会实现更大的责任的话，就需要去面对于社会有更大影响的项目。同时也能够检验自己的工作是否真正有某种对我来说“普遍适用”的价值：如果某种思考只适合于某一种实践或者“主导方向”，那可能说明这种思考并不具备足够的说服力。站在建筑设计的角度，如果在看似无趣的项目中，或者功能性非常强的项目中，也能达到我一直追寻的“几何”与“胜景”，那么我对于这个信念的思考会更深入，也会更加自信。

从设计和思想的高度来看，建筑师其实是很个人化的一种职业。但是建筑师又必须是一个团队式的工作模式，如何让这个团队有一个更加协调统一的状态，也是我们要面对的一个问题。所以我才将我的思考明确地提出来，让大家工作起来提高效率和协调性。

“真、行、草”

王昀：实际上“胜景几何”在每个人心中所造成的诗意都有所区别和不同，从这个层面上看，其实建筑本身是不具备普遍性的，建筑师所做的事实际上完全是个人化的。

李兴钢：谈到每个个体的“诗意”，我很赞同。其实内心里我不很喜欢南方的自然环境，那种一年四季都郁郁葱葱的绿化和氛围；我更喜欢北方的冬天，萧瑟的林木，清冷的河岸，峻峭的群山，都令我真心感动，从小就喜欢。这是我自己内心所能领会到的“有诗意”。

王昀：因此有一个直接的想法，就是兴钢的“胜景几何”，其实是属于他个人的。让很多人进入一个兴钢的个人化的情景中，体验这个个人化的情节。如果不是这样的话，所有建筑都变成普遍性的东西，这一点不可能，同时这种思考也非常危险。

我感觉兴钢的作品中有一种一直在探索着的状态，这一点是很有意思的，比如刚才井宇讲到的，兴钢上学时期对赖特的痴迷，经过兴钢老同学这一点拨，发现其实这种痴迷在兴钢的作品当中是能够隐约看到的。还有，从兴钢的这一系列的作品中看，基本上他所有的作品的平面都包含了一种力图去围合空间的姿态，好像永远是要用建筑围绕或包裹着某种东西，努力地去制造一种多重的围合感。或许彭一刚先生的那本《中国古典园林分析》对兴钢本人的影响还是很大的。

我有意地注意过兴钢所做的所有项目的平面图，发现越到后期越是在追求一种将院落空间制造成某种园林的姿态。另外，我还有一个非常大的体会就是从兴钢的这个作品集中，发现这短短十年，兴钢本人其实已经着实地把建筑整个的发展进程和脉络节点都统统地做了一遍。为什么这样说，打个比方，中国书法的发展，实际上经历了“真、行、草”三个阶段，我们小的时候写书法也是从描红开始，之后写正楷，试行书，玩狂草。兴钢的这十年如果以书法的这三个阶段作比较，实际上兴钢本人已经利用这短短的时间，把书法里的“真、行、草”着实地全部都修炼了一遍，这一点让我感到非常震撼。

周榕：说得具体点儿。

王昀：具体一点儿，如早期的兴涛接待展示中心这个作品，还有建川文革镜鉴博物馆暨汶川地震纪念馆，在我看来属于兴钢是在写“正楷”；而从复兴路乙 59-1 号改造开始，兴钢开始试做“行书”，表现特征是有一些平行四边形的变体，当然其中偶尔还会加一点儿正楷；然后到海南国际会展中心，已经开始有了“草书”的意向，特别是屋顶的设计，应该说是属于“草书”的特征。按这样理解，不难发现兴钢的探索方向其实是很清晰的，如果按这样的发展程序，或许可以推断：兴钢下一步将会跨越“草书”而进入“狂草”。（众笑）

王辉：还可以根据地域总结成——“大兴楷书、万寿行书、故乡草书”。

王昀：兴钢经过了“真、行、草”全活的操练之后，当然目前还缺“草书”阶段。我想肯定会有一个最适合兴钢自己心境的“胜景”的表述方式。但是，从目前兴钢一路做过的作品中看，似乎还没有一个非常明确的方向，不过这种不急于明确方向的做法恰恰说明兴钢本人所保有的一种年轻心态，即依然不停地在进行探索。能保持不断探索，就是要年轻、输得起。愿兴钢永远 32 岁（笑），兴钢永远32岁的年轻心态让我们自然有更多的期待。

有一点需要说的就是，在中国做建筑，有时很难从建筑的实现度上来判断建筑师的真正价值。中国建筑师在很大程度上是输在最后的真实物体上的，尽管如此，努力做到在思想上不输，对于建筑师来说是重要的。而这其实也是我们今天在中国的建筑实践中所面临的一个巨大的矛盾点和冲突点。

建筑师的“胜景几何”跟业主的“胜景几何”，以及未来使用者的“胜景几何”，实际上是完全不一样的，在一个破碎了“共同幻想”的时代，人生几何，胜景何同？

在兴钢的大部分作品中，我还看到了很多小的细微片段，例如“第三空间”项目，表达了一个立体的聚落，这是有特点的作品。最近我发现兴钢逐渐呈现出一种“菊竹清训的状态”。特别是最近一段时间兴钢所做的探索，让我觉得与菊竹清训存在着某种契合点及可类比的地方。或许至少是这些作品让我感受到了某种视觉上的“新陈代谢”了吧。

刚才兴钢自己谈到了他所受的建筑师的影响，其中谈到了他喜欢的路易斯·康和高迪。在我看来，路易斯·康的作品似乎更多地是借助空间完成精神性的塑造，而高迪的作品，实际上我觉得更加偏视觉性。那么我想问兴钢的问题是：在你的建筑实践中，如何采用高迪的视觉性表述而能够达到路易斯·康的精神性意境？

李兴钢：我喜欢康的建筑中的精神性，完全依靠他自己的语言制造出一种人人可以感知的感动；高迪则是在一种“视觉性自然”的建筑状态之下，其实有着非常精密的几何推演和组合，让人惊讶和叹服。如何由视觉性和物质性而抵达精神性？这的确是一个很关键的问题，需要思考，更需要实践。

“偶然性”与“精神性”的并置

华黎：卓越的建筑师给我们带来影响是很正常的，无须回避。回看兴钢这些年的实践，我自己能感觉到有康和西扎的影响。“几何”和“胜景”这两个关键词的提出能够让建筑回归本体问题，是一个挺好的命题。几何在我看来其实是一种秩序，是一种数学的、理性的控制。几何从狭义上说可以是一种超越主观的绝对秩序。例如康曾经说如果没有什么特殊的原因他就会“start with a square(从一个方形开始）”。而由这种秩序可以塑造纪念性与精神性。“胜景”则明显是一个个人化、主观性的判断，那么这个东西到底来自何处？是来自你的头脑，来自场地，还是来自于传统？我在你有些项目的形式中能看到一种偶然性，感觉有一点阿尔瓦罗·西扎的影响，你的胜景在我看来很接近于西扎经常谈到的spontaneity（偶然性）。但这种主观的偶然性与几何的纪念性（monumentality），我觉得是不可以并置的，你是怎么去感受它们之间的关系的？

李兴钢：我很喜欢西扎作品中存在的一种秩序性中的偶然性。可能是基于风景视野的考量，自然地在某个地方就会出现一个歪歪扭扭的窗户；也可能是对有些建筑的角度处理，突然就会看似偶然的出现一段曲面。这些“偶然性”其实都是建筑师着意的所为，当然肯定有很大的感性和直觉成分。我倒是觉得“偶然性”、“几何的纪念性”以及“精神性”恰恰是可以同时存在的。因为，如果在一种理性的秩序基础上，能够有一些偶然性，我觉得会更加自然生动，更能够反映人在生活中真实的状态。

比如元上都遗址博物馆的所有形体都是有来源的：圆形的庭院以及一条斜向的通道，原本是山体里开采矿坑留下的遗迹；露出来那部分有指向性的建筑对着的方向就是遗址的正门。所有这些都是严密的控制，而这些控制多半来自于场地的条件。而那些斜向的侧窗或者天窗则有一些“主观的偶然性”的意味——我很想要它们那样，或许是想要人们看到远方的草原和天空。

我很希望加入的这些看似偶然的东西，实际上又是某种必然性的元素导致的结果，这样的状态才更好。某种结构从视觉上看似并不是一种在理想状态下表达出的那种理性，我也宁可选择采用。我并不认为，刻意而严格地按照那种大家习惯的建构或者结构的方式是一个必须遵守的规则。

“意志”、“焦点”和“原型”

王辉：先谈“意志”。其实在大部分项目中，确实有“意志”问题的存在。很多项目里是没有建筑师的“意志”的。这个就是“意识”的缺“德”，没有个人的德行，就只能无限制地服从。兴钢在大院确实有很多机会，但是在这很多机会中，有一部分并不是自己想要的。所以说，重要的是在正确把握好能做的事情的同时，体现出自己的“意志”。其实我觉得，当自己的个性在项目的协商和实现中不断地放大，最后产生“意志”，就是一次“意志的胜利”。就我的看法，“意志”这个层面应该已经贯穿到兴钢所有的作品中了。

说说“焦点”。兴钢找到“胜景”和“几何”这两个词，以我个人的感受来说我觉得是相当不易的。就好比拍电影，难就难在最后定格在什么样的画面和场景。当满世界都是目标而最后必须锁定到其中一个的时候，我们很庆幸兴钢锁定了其中积极而又有人格的一个作为其形象的表述。首先，“几何”，锁定在了一种专业语言中，换句话讲就是兴钢想用几何的空间来表述自己的建筑设计。其次，“胜景”，是能够超越普遍的逻辑，成为一种更个人化的东西，无法被取代，也是最让别人产生好奇的地方。个人对事物独特的描述才是最具真实性的，也是最有意义的。

再回到“原型”。刚提到康和高迪这两位让兴钢颇受影响的建筑师，我在想，他们肯定也有各自的“几何”这一概念存在，而他们的“胜景”也分别处在两极。其实高迪做的圣家族教堂有着先天的约束，这先天不足来源于之前教堂的建筑形式和结构的留存，但是在他进行设计建造的过程中，他是如何用自己的语言去剥离原有的“几何”基础从而搭建出独特的“胜景”才是该揣摩的地方。而康在我看来，他的“胜景”就是回归到一种宇宙逻辑，或者说是超越人的逻辑。简而言之，这两人其实既是个人也是集体，兼具个性和共性，纠结于消灭自我和推崇自我。所以说，“胜景几何”的推导并没有什么不适的情况，因为这都是个人体验和个人思索才得到的。

繁杂结构与纯粹空间

黄居正：作为大院里的建筑师，能够有一套比较明确的思路和思维方式是很难得的。“胜景几何”的表述让我想到建筑史上特别有名的几何建造的实例——希腊帕提农神庙。所谓“几何”，实际上是人类要去寻找的一个自然界的逻辑，一个理性的、几何的秩序。人、自然跟建筑三者间的关系是平衡的。“几何”不仅是一个“数”的概念。建筑是盖在基地之上的，所以首先应该确定的是一个“领域性”，在围合出一个界面之后，才开始考量比例与尺度等诸多因素。纵观兴钢的实践作品，确实有一种“几何性”存在。当然对于这个“几何性”的解读每个人的角度是不一样的。比如说折线、折面，还有通过这种折线和折面形成的一个折的体量和几何形态，都是“几何”的体现。

我觉得你在提出这个关键词的时候，可能已经思考到很多详细的层面，但是在具体的建筑表达中，可能还不够充分、不够清晰、不够强大。例如特拉尼的法西奥宫，只有在背立面的窗完全打开后，它的平面才能成为一个非常完美的正方形；而在但丁纪念馆中，所有的房间比例，都用黄金分割来控制。再例如路易斯·康的作品里面每一个结构既是一个空间单元，也是一个功能单元，在他几乎所有的作品里，是可以看到非常明确的几何特征的。“几何”，它有可能是一种物质性，也有可能是一种数字表达出来的“抽象性”。可能现阶段，你需要明确的是独属于你的“几何”究竟是什么样的，是折线、折面，还是折的体量？

说到园林，你在做某个作品的时候，因为本着一种对于园林的喜爱，可能有意识地想要将园林的一种空间的穿透，或者说是行走的路径，试图在建筑设计中表达出来，但往往无意识的东西表达的份量更多。因为你在建筑教育中接受的是一套比较完整的现代建筑体系。所以在兴涛展示接待中心这个早期作品里边，我感受到的其实更多的是你在研究建筑的基本要素，比如墙体、柱子，通过对这些基本要素的操作达到空间的变化，而并不是在园林的意义上进行衍生。

你的作品，我觉得大概可以分成两类：一类是关注平面，另一类则是关注剖面。我觉得你的确对平面格外讲究，从平面出发形成丰富的空间体验。而剖面还可以细化分成两大类：一类展示结构、构造和材料，如元上都遗址工作站；另外一类好比柯布的那种建筑漫步，并且在近期的作品中结合了中国园林中的可游性，如复兴路乙 59-1 号改造。

但是，我有一点疑问。海南国际会展中心外面是网架结构，里面是网壳结构，这个作品是否受康的影响？每个建筑师都可能或多或少地受到前人的影响。这两天我正在重读一本书——《中国古典诗的现代性》，其中就谈到非常重要的一点——“互文性”。在中国古典诗中“互文性”体现得特别明显，将典故借用编织到自己的诗中，称之为“隶事”，营造一个新的意象。这有点像编织一块毛毯，从正面看到的是一幅全新的完整的图案，但翻过去，就会发现有无数的线头，而这些线头连接着不同历史时期的不同文本。在海南这个作品里面我有点疑惑的是裸露出来的钢结构做得有点含糊，不太果断。这样的一种结构的表现形式，达到了你预想的一个目标了么？

李兴钢：如果把结构包裹起来，空间表达上可能会更干净、更纯粹，但是会影响到造价和经济性问题。另外更为重要的是我们要把这种大跨空间 + 轻薄的网壳屋顶所形成的戏剧性张力表现出来，也因此采用了结构暴露的形式。实际操作上，就是没有用一个使空间显得“纯净”的吊顶来隐藏结构的厚度，而最终的结果即使是从视觉上判断，它总体上也算是成功的，基本上达到了预想。但的确柱子和屋顶的交接不甚理想，由于甲方和工期的原因，最终设计图纸中对于柱头交接处的细部处理被放弃而未执行，很遗憾。

黄居正：也就是说在表达结构和空间的纯粹性两者之间你是倾向于体现结构的表达？也许在我看来，如果是表达一个相对来讲比较纯粹的空间的话，可能更能体现你对几何的追求。例如几何与比例在建筑上可以分为几种类型，古典建筑中视觉上明确的比例关系控制是一种，而隐性的空间上的比例关系控制是不可见但也是实际存在的。

李兴钢：也不能完全这么说，其中还是有一个需要判断的过程。其实我主张的“几何”更可以说是一种逻辑控制，可能暗藏在结构体系里，也可能暗藏在空间形态中。至于“几何”被表达到什么程度，其实我自己也在反思。比如说结构是不是要暴露，我觉得还是要根据具体情况来斟酌的。其实结构并不是最重要的，对我来讲，诗性更为重要。有时候结构的暴露可能会显得表现欲过强，从而影响到我想要表达的目标或者更为深层的需求的话，或许我会选择削弱、模糊甚至隐藏结构。

暧昧的识别性

周榕：十年的时间，一个建筑师的 identity（可识别性）能逐渐浮现，这是相当困难的一件事。我觉得对于绝大多数的中国建筑师来说，仅仅是把自己区别于其他个体就已不易，而最终能做到个人的 identity 在历史中得以浮现，则是难上加难。我写建筑评论的前提，就是需要判断什么样建筑师的建筑具有被评论的价值，第一个标准就是他具备在历史中的 identity，唯其如此，建筑评论才可能产生历史的深度。试想一下，中国众多的知名建筑师，倘若在他们下一个作品出现的时候遮盖住姓名，我们是否能精准地识别出这些作品分别属于谁？再放到世界范围呢？也就是说，中国建筑师要进入到一个世界性的建筑语境中，identity 就显得非常重要。不仅要具有一种个人的独特性，同时也要具有一种历史的独特性。

回看兴钢的十年实践，2009 年是一个分水岭。2009 年以前的作品没有什么 identity 可言，因为不具有一个一致的历史独特性，它们只是一些个案。我最早看到兴钢的作品就是兴涛接待展示中心，如果一路按照这种风格做下去的话，估计兴钢充其量是中国小清新建筑大军中的一员。由于整个 20 世纪 90 年代中国建筑界都是很混沌的状态，大家做的设计中充斥着各种折衷表现，兴钢作品的干净利索，让他在那个特定的历史语境中浮现出来。在此之后的项目，包括复兴路乙 59-1 号改造等，确实能看出兴钢在找寻自己追求的东西。直到建川文革镜鉴博物馆暨汶川地震纪念馆，明显就走到了建筑句法学，呈现出一个特别严谨的结构对位，然后在这样一种趣味关系里面去演绎空间。

2009 年之后，能很明显地看到兴钢开始找到一条更为明晰的设计道路，即从“乐高假山”这个作品之后，开始把“空间的宏大叙事”转换成“空间的集合叙事”。在“乐高假山”作品中，兴钢可能得到了一个重要的启示，就是切小形式单元而令建筑单体产生比较丰富的集合性形式关系。与此同时，威尼斯“纸砖房”的项目也体现了这种向集合形式发展的转变。

在我看来，这是一个很重要的设计转向，意味着对兴钢具有 identity 意义的“胜景”范型开始浮现，而在“胜景”出现之前在兴钢的作品中只有一个个探索的“形式”。自此，“胜景”成为兴钢的一个建筑理想。

虽然我相信到现在为止，兴钢也没有将“胜景”看得特别清楚。“胜景”意味着群集化的、引人入胜的丰富性，意味着一种趣味上的深度，“胜景”里头其实是有生活的。我理解的胜景是什么？就是中国园林的“可望、可游、可居”。但是我要说的是，“胜景”其实包含了很多中国式的、诗意的叙事。好比说佛教里面的“殊胜”，其实就跟胜景有很相似的一种共通的意境，它们都包含了人生体验、诗性的叙事以及对环境的融入，胜景是与人心合一的“心境”。“胜景”与“奇观”不同，奇观是外在于人、只可远观、以震慑人心为目的的景观。所以兴钢是在自己的母语系统里找到了一个能够很好地反映他建筑想法的词汇，兴钢的建筑我认为是超越奇观的建筑。

但是随着“胜景”的浮现，我觉得兴钢接下来就碰到了一个严峻的挑战，那就是“复杂性”的涌现。而这种复杂性，实际上是现在的操作工具所难以驾驭的，我相信兴钢会在未来的工作中与复杂性进行搏斗和对话。这也就是本次研讨会题目的矛盾性之所在：“胜景”是彼岸，“几何”是此岸，如若企图把“几何”当成从此岸到彼岸的一个桥梁或者路径的话，注定是不可行的。另外，中国式“胜景”的复杂性，不建立在矛盾基础上，而是一种包容性的复杂，所以这种复杂是很柔顺的，具备诗意的叙事特点。

在兴钢的所有作品里头，我更为欣赏的还是元上都遗址工作站。自 2009 年开始，兴钢从以前非常直截了当的理性空间构造方式转变成中国人特有的一种千回百转的环境营造方式，或者说是 ambiguity（暧昧性）出现了。元上都遗址工作站设计中出现的暧昧性是我很欣赏的一个重要转变，此前兴钢所惯用的是“想什么就说什么”的中国建筑常用的路数，这种路数要求很清晰地把 idea（理念）转化成一个图式，格外讲究 articulation（清晰度）的表达。到了元上都遗址工作站的时候，就让人突然发现有了自身的矛盾性，例如膜结构和混凝土结构的搭接，这种兴钢倒退五年决不能允许的构造方式如今却自然出现了。它们并置在一起，但不是一种相互间刻意的冲突与折腾，而仅是允许这样的意义褶皱存在。所以我觉得在元上都遗址工作站设计中出现的这种 ambiguity 是蕴藏诗意的一个最重要的原因。

再说到华润希望小镇。这个项目因为完成度太高了，但是带来的问题是 ambiguity 丢失了，容纳生活更多可能性的空间消失了。而中国园林的胜景其实是与人有着非常近的距离，有应答的能力，人的工作生活可以对它进行改变，这种变化才是中国空间中最有趣的地方。

绩溪博物馆的项目也浮现出了它应该有的东西，但是在处理涌现的复杂性方面还是稍微紧张了一点。尤其是在入口处，这个空间的处理是几何而不是胜景。

回到高迪和康。在我看来，后来人照搬前人的方式去改造整个世界是很可怕的一件事。在现当代，的确有不少人在模仿康的建筑形式。我认为，康搭建的是一个纯粹的乌托邦式的骨架，实际上他的工作跟高迪在精神上有着某种相似——都很“天真”，因为他们全都是要用一个人的意志去构筑整个世界，早期的兴钢也有着同样的热望。所以我觉得 2009 年兴钢四十岁的时候，从一个极度天真的纯粹，走向了认识到世界的暧昧性和复杂性，然后开始试图对这样一个世界报以同情与妥协的过程。

说到建议，其一，我觉得兴钢的思想资源过于集中在建筑历史本身，而这些很有可能会让你对于生活真正的纠缠的暧昧性产生错误的认识。因为建筑史是风格史，如果建筑师过于从建筑历史本身寻求资源，就会对于生活、对于社会、对于时代所面临的复杂性逐渐缺乏应有的认知力和洞察力。其二，我是觉得兴钢的作品跟大多数的中国建筑师一样有一个通病，就是过于漂亮、干净、流畅而优美，没有体现真正的复杂性。

西扎的设计，行云流水处绝对毫不遮掩，该涩之时也丝毫不手软。第三，就是复杂性，我现在提倡一种建筑学叫做 inclusive architecture（包容性建筑学），不是 exclusive architecture（排他性建筑学）。在这一点上，我倒真觉得西扎就是这样，他没有给你提供一个明确的逻辑。包括卡洛·斯卡帕的一些作品也有这个特性，呈现一种独特的游牧状态。我认为黄声远也是典型的走这样一个方向的建筑师。整体秩序可以是隐含的，不需要将这种秩序凌驾于每个生命体之上。目前我们面临的是一个极度复杂的社会现实，那么当这种复杂的社会现实纠缠在一起的时候，如果建筑师不采用一个 inclusive 的方式去解决问题的话，我觉得是对历史的不负责任。2009 年以后，兴钢作品的包容性越来越明显，因此我非常期待 2019 年，也就是兴钢五十岁的时候能达到什么样的境界，因为对建筑师而言，五十岁事业才真正开始。

华黎：比如说像城中村、私搭乱建，是不是就可以归入到 inclusive architecture（包容性的建筑）中呢？因为有一种状况就是可以不需要建筑师的，呈现一种自下而上的、自发生长的过程。也许一个大的秩序看上去可能就是 chaos（一片混沌），但是它的内部可能会有无数的小秩序存在。因此 inclusive architecture（包容性的建筑）实际上跟尺度也有关系，因为我觉得所有的建筑师在某一个尺度范围内是不可能逃离乌托邦的，因为乌托邦就是一种理想中的秩序。实际上说到这就出现一个问题，就是建筑师理想的秩序到底能不能够反映人的生活？因为生活本身就是很难界定的，就像藤本壮介提出的对于"房间"的理解，认为空间与人的行为是没办法找到一个清晰的关系的，这和康的"房间论"是相反的。康认为空间的秩序，还是可以通过光线、尺度、形状等元素来界定，并对应于人的特定行为。前者则认为这种确定关系并不存在。如果这样去想的话，建筑师的工作就很难评判，只有使用者才具备评判的权利。

[原文发表于《城市·环境·设计》(UED)，2014 年第 01 期（总 079 期），标题及文字有删改]

胜景几何与诗意

青锋

在十年的工作积累之后，李兴钢用“几何”、“胜景”两个概念对工作室的建筑宗旨进行了概括。寥寥四字，两个概念，其重要性并不亚于工作室在展览或专辑中呈现的任何项目。“建筑起源于两块砖的搭接”，密斯的话同样适用于这里，当几何与胜景这两块理念之砖被建筑师安置在一起的时候，一座“理论建筑”已经开始浮现。

在《胜景几何》一文中，李兴钢阐释了他在“几何”与“胜景”两个概念之上建立起来的理论架构。他对两个概念做出了直接的解读：

“几何”，与建筑本体相关，是结构、空间、形式等互动与转化的基础。赋予建筑简明的秩序和捕获胜景的截面，体现人工性与物质性。“胜景”，则指向一种不可或缺的、与自然紧密相关的空间诗性，是被人工界面不断诱导而呈现于人的深远之景，体现自然性与精神性。

这样对仗的描述很容易让人误认为这两个概念之间的关系是一个平等的二元结构。但只要稍加留意就会发现，事实并非如此。要厘清几何与胜景的结构关系，我们必须强调另一个概念——自然，它们之间的关系可以被简单描述为：“几何”（人工）与“自然”的互成，导向胜景。“形而下的‘几何’与形而上的‘胜景’互为因果”，但仅有“几何”还不够，仍然需要依赖与自然的互成才能构成整体，“成为使用者的理想建筑和生活世界”，由此“几何”才能真正转化为“胜景”。

所以，虽然“胜景几何”在音韵上朗朗上口，但一个更清晰完备的关键词列表应该是“几何、自然、胜景”。几何与自然可以被视为条件或素材，而真正重要的是最终目的——胜景。但何谓胜景？什么样的景才是胜景？它应该具有什么样的特质？这个问题也不难解决，答案应该是诗意（诗性）。“胜景几何”这个词出现的频率远远高于胜景，而在理论阐述的末尾，李兴钢对现实的发问更是直接透露出他所期望的胜景到底意指什么：“我们如何在即成的城市和建筑中修正缺乏诗意的人工？又如何在将成的城市和建筑中营造面对自然的诗意？”按此推理，我们可以附带解决一个翻译的问题，在UED李兴钢专辑英文版中，胜景直接用拼音标注，因为英文中并无单一词汇直接对应。考虑到诗意在胜景概念中的重要性，将胜景翻译为“poetic scene”或者是“poetic image”也许是相对贴切的选择。

由此看来，“几何（人工）与自然的互成，导向诗意的胜景”，可以被用来大致概括李兴钢所阐发的理论架构。它固然缺乏“胜景几何”措辞的精炼，却能帮助我们更好地理解这些抽象概念的逻辑关系，并且找到整个理论体系的阿基米德支点——诗意。一个理论要对实践具有指导作用，面面俱到、包罗万象是没有意义的，它必须能够帮助建筑师在关键的方向上做出选择，因此必须足够的具体，足够的精确，并且有着明确的倾向性。在李兴钢所阐发的体系中，显然是诗意或者是胜景在发挥着决定性的影响。作为最终目的，它给予人工（几何）与自然的互成以意义，而诗意概念的具体内容则应该启发我们应该用什么样的方式来实现人工（几何）与自然的互成。

至此，我们终于进入胜景几何概念架构的中枢，整个理论的内涵与效用都依赖于对诗意的理解，什么是诗意？它的具体内容又如何能影响实践？不得不承认，顺着胜景几何的脉络，我们已经触及了当代建筑理论中最困难的问题之一，那就是对诗意的阐释。

诗意概念在当代建筑界的流行，很大程度上要归功于海德格尔的一系列文章，如“Building, Dwelling and Thinking”、”…Poetically man dwells…”。在这些文献的基础之上，一个以现象学为核心的建筑流派从20世纪后半期以来逐渐形成，他们有着自己的核心概念（诗意、场所、记忆），自己的言说方式（隐喻、个体描述、故事、诗歌），以及最重要的，自己的建筑英雄（巴拉干、卒姆托、西扎）。尽管如此，在“诗意”概念被广泛接受并且大量使用的背后，却是对这个概念根本解释的缺乏。虽然海德格尔后期哲学对此论述颇多，但这些论述本身往往需要深入的解读才能弄清楚它们在解读什么以及怎样解读。或许是因为过于困难，以至于阿德里安·福蒂（Adrian Forty）甚至没有将这个至关重要的词汇纳入他的理论词典 Words and Building 当中，我们仍然期待一本能够深入解释何为诗意的建筑著作。

在这种情况下，笔者只能凭借自己对诗意的肤浅理解来试图对胜景几何的理论架构做出反馈，这种理解建立在对“…Poetically man dwells…”等海德格尔后期文献，以及戴维·库珀（David Cooper）与朱利安·杨（Julian Young）等学者对海德格尔的阐释的基础之上。简单说来，对比笔者自己的理解，《胜景几何》一文与诗意有关的论述中有一点需要谨慎，而另一点则值得强调。

需要谨慎的一点是对东方式的“人工与自然互成”的信赖。前面已经谈到，这是达成“形而上的‘胜景’”的条件或者是路径。但仅仅谈互成还过分宽泛，我们需要知道如何互成，而在此之前则必须解释何为人工以及何为自然。这里尤其需要谨慎，因为“自然”是另一个并不比“诗意”简单的概念，斜风细雨云开雾散是自然，物竞天择适者生存也是自然，更不要说自然科学所分析的那个实证自然了。在这简单两个字的背后是错综复杂的对自然的理解，以及相应的对“人工与自然互成”的不同理解。虽然李兴钢并未简单地定义自然，但是《胜景几何》开篇所引用的，阿城关于东西方对自然不同态度的论断，仍然体现了这种风险。至少，从斯多葛主义到叔本华再到海德格尔，很难说这些西方哲学思想中人与自然是对立的。当然，提出这一点绝对不是用思想史的知识苛责阿城与李兴钢，而是在于提醒我们避免一种认为从属于东方传统就能实现人工与自然的互成，进而实现诗意胜景的简单解答。不应忘记，霍尔德林的原句是“人诗意地栖居”，而海德格尔则进一步强调，这意味着“每一个人以及在任何时间。”可以认为，诗意胜景“形而上”的特征是超越文化、地域乃至于时代的，这并不否认东方传统中具有这样的内涵，但需要警惕的是拒绝其他的诗意传统，忽视诗意问题的根本性与普遍性，进而失去其他实现“人工与自然互成”的可能性。所幸的是，李兴钢或许是最少受到这种偏执影响的建筑师之一，虽然有绩溪博物馆与元上都遗址工作站等传统化作品，同样也有天大室内体育活动中心这样对拱顶的阐发。这些作品显然比阿城的话更具有说服力。

而值得特别强调的一点是李兴钢对景的分析，他写道：“景，是静态的被观照对象。可以是自然山水，也可以是人工造物，甚至是平常无趣的现实场景，要点是与自然元素的密切关联，并被人工界面诱导、捕获与裁切。”有趣的是，海德格尔也谈到了诗与景（image）的关系。在“…Poetically man dwells…”中，他写道：“…诗歌…以景（image）言说…景的诗性表达将神圣表象的光亮与声响，以及陌生之物的黑暗与沉默汇聚在一体之中。”这两段话的关联并不仅限于“景”的重复出现，两者并置一处有助于说明“诗意”的根本性内涵，那就是通过特殊的“景”（诗句的言说，或者建筑场景），让平常之物展现出“神圣表象的光亮与声响，以及陌生之物的黑暗与沉默”。简单说来，在海德格尔的话语中，诗是另一种哲学，不同于普通的科学总想将一种事物解释清楚以及消除其模糊神秘性，诗在让本源展现出来的同时仍然细心呵护着本源的神秘性或者是“黑暗与沉默”。由此可以解释为何诗的模糊、暧昧乃至于费解有时反而能够更精确地表达。这是一种保护性的迂回辗转，但同时也是唯一诚实的态度。因为我们不得不承认，在人的理解面前，本源的无穷可能性远远超越了认知的局限。因此对“黑暗与沉默”的敬畏实际上是不可避免的。

如果以海德格尔对诗的理解为基准，那么胜景几何对诗意的探寻可以对李兴钢及其事务所的工作有两点提示。一点是“敬畏”，这可以直接被转译为纪念性与神圣感，最伟大的例证是《胜景几何》中提到过的，康的萨尔克研究中心。很不幸，这种形而上学的纪念性往往被中国建筑师连同意识形态的纪念性一同抛弃，在李兴钢的创作中也少有触及。但上文的分析提醒我们，这是诗意的内涵的一个重要层面。

另一点是“黑暗与沉默”，这可以被转译为建筑语汇的含混与克制，相比之下，《胜景几何》中的作品多少有些过于清晰和强烈，可以感受到建筑师力求让每一个想法都得到彻底的表现，在某些情况下，这恰恰是需要抵抗的诱惑。斯卡帕式的暧昧以及西扎式的克制是他们作品诗意特质的重要成分，或许能抵消李兴钢作品中有时显得过于强烈的“几何”性。

当然，必须承认，以上对诗意的解读完全是笔者自己的观点，很有可能与李兴钢的理解完全相异，因此并不构成对李兴钢作品与理论的客观评价。此外，以诗意的标准来要求任何建筑师都几乎是难以承受的，这是一个过于艰深与伟大的任务，但也只有在伟大目标的驱使下才能有伟大的行为，路易斯·康号召每一个建筑师都成为业主的哲学家显然透露了这样的期盼。

最后，本文的意图在于对建筑师诚恳的思想与作品做出回应，并且诱导他们去探索笔者所认同的价值，这自然是这篇短文背后暗藏的私心。

[原文发表于《设计与研究》（DR），2014 年 6 月（总 034 期）]

作者简介

青锋，清华大学建筑学院教师，青年建筑评论家

人法天工
——站在建筑史门槛上的李兴钢

周榕

零·共看明月皆如此

一道门槛，把绝大多数建筑师隔绝在建筑史之外。

建筑是宽容的，而建筑史是苛刻的。现代建筑甚至简易到只需为功能提供遮蔽，而建筑史却必须淘洗出与文明发展最为匹配的经典形式：建筑史无视平庸、忽略极端、更不屑于机巧，只关注“幸存”——在文明演替的宏大区间中经历重重时空淘洗仍得以持存的思想、形式、人物、与事件——唯有历史的幸存者才有资格定义文明的价值观。文明的网眼在时间中疏而不漏，为建筑史筛去喧嚣的泡沫以及廉价的砂砾。在建筑与建筑史之间，恰是文明的滤网最难穿越。

横亘在建筑师与建筑史之间的那道门槛，正是所谓“文明价值”。无可否认，在种种具体的因应、个人的趣味、偶然甚或异想天开的形式表象之下，建筑终究是文明的时空造物，是文明共同体的形式依托与认同中介。一部建筑史，归根结底是一部文明的形式史、处境史和认同史。因此，建筑史的意义超越了对泥沙俱下的时代现象的忠实记录与还原，而体现为一份对“文明责任”的担当——建构文明共同体的空间记忆与形式认同。进入建筑史，意味着一个建筑师有机会超越个体创造的范畴，而对整个文明共同体产生集体影响并贡献历史价值。

缺少文明共同体的认同支撑，任何奇幻的形式堆叠都不过是转瞬时代的海市蜃楼。个体创造能否具备历史价值，决定于其能否赢取文明共同体内大多数成员的集体认同。从这个意义上说，文明构造历史，而建筑师对文明的价值自觉也同时体现为其是否具备足够深刻的历史意识。尽管在中华现代文明正高速进行形式实验与建构的当下，中国当代建筑师尚没有太多的闲暇去思考究竟以何种姿态进入文明历史，但或迟或早，个体与集体的“历史意识”终会在中国建筑界喷薄奔涌，中国建筑，也将藉此重树一个更具文明意义和历史自觉的价值参照系。

无论沧海桑田，那个叫历史的东西毕竟无法斩断。文化绵延中，仿佛有一个预嵌的神秘罗盘，导引个人创造的精神血脉最终接续回文明母体。共看明月，各弄清影，不问来路，殊途同归——文明的力量无远弗届、无微不至、无坚不摧；尘埃落定百川汇流，重归历史，终将是每一位中国建筑师都不得不面对的文化宿命。

壹·回首向来萧瑟处

出生于1969年的李兴钢，是改革开放后一代中国建筑师的典型缩影。

在《建筑的发现与呈现》一文中，李兴钢开宗明义地表白：“对我而言，建筑的神秘在于它早已存在那里。”他在这里提及的“建筑”，显然并非某个特定的空间造物，而是所谓的“元建筑”——存在于建筑师思维结构中的建筑知识体系、价值理想以及可能的形式象限。接下来，李兴钢把设计定义为对“元建筑”的“发现与呈现”：“发现”侧重于普遍层面的理性思考，“呈现”则偏于个人意味的感性表达。

这篇文章令人最感兴趣的，并非李兴钢建筑思想中带有鲜明辩证唯物主义烙印的“抽象—具体”、“普遍—特殊”等经典二元认知结构，而是其意识深处那个“早已存在那里”的“元建筑”是如何形成并不断演进的。事实上，每一位建筑师思维预设中的“元建筑”体系，决定着其每一次建筑创作的思想资源与创造域限。因此，厘清一个建筑师头脑中“元建筑”体系的发展脉络和结构状态，对于理解其建筑工作的内核与边界至关重要。

与恢复高考后接受建筑教育的一代人无异，1987年进入天津大学学习建筑的李兴钢所面对的，同样是一个试图将新旧两套舶来建筑体系“拼装”起来的中国式现代建筑学雏形。这一“拼装建筑学”的代表性启蒙读本，正是后来成为李兴钢的博士导师彭一刚院士所著的《空间组合论》。“空间组合论”的基本架构，是将现代建筑的空间信仰和功能主义思想，与西方古典布扎系统的“组合”原则及形式构图方法嫁接在一起。“空间组合论”最大的原创性贡献在于，用类型化的“空间模块”取代类型化的古典形式构件，作为建筑“组合”（Composition）的基本单元；而用既定的形式模块进行“组合”，恰恰是布扎建筑体系的灵魂。通过把现代建筑的核心观念“空间”与布扎体系的核心观念“组合”进行联姻，“空间组合论”成功建构起一套用“类古典秩序”来组织现代功能空间的中国式现代建筑操作范式。尽管抛弃了布扎建筑常见的三段式和对称性，但用“空间组合法”设计出来的中国式现代建筑仍然有着鲜明的布扎基因特征——模块化的功能空间单元、简单而清晰的理性组织结构、基于功能关系的单一空间秩序、从平面到立面的完整性构图控制，以及比例、尺度、节奏、韵律等古典形式美原则……

毋庸讳言，自20世纪80年代后期以降，以“空间组合”为特征的“折衷现代”设计范式在中国建筑界颇为流行一时：把功能当作模块、把空间视为构图、建立理性而清晰的组织结构并依靠二维的形式美原则控制整体秩序。在《空间组合论》的诞生地——天津大学建筑系，上述“折衷现代”的范式工作特征更形突出，而作为天大建筑杰出校友并有缘亲炙彭一刚院士的李兴钢，其早期建筑工作的这种“天大气质”则尤为鲜明。从李兴钢自选集上的作品年表中可以轻而易举地辨识出，他从 1995 至 2003 年间的绝大多数设计作品，都带有明显的“折衷现代”痕迹。其这一时期的代表作是 2001 年设计的“兴涛接待展示中心”，以及 2003 年设计的“松山湖文化营多功能活动中心”，这些作品的创作手法同样具有统一而自洽的整体控制以及纯净清新的审美特征，一如李兴钢素来倾心的北方冬季的萧索诗意。

和那一代被无端置放在断裂历史中的每一位建筑师一样，事业起步期的李兴钢只能通过向身边既存的集体化建筑范式学习，来逐步摸索、接近、并领悟建筑学本体的核心问题域及历史存在范畴。在资源有限的情况下，他只能凭借天赋才能和不懈努力在现有范式体系中力求做到最优，然后等待这个体系奖励他更多的资源与机会，让其拓展边界甚至突围颠覆，直至寻找到属于自己个人的建筑特质。好在，特殊时代的历史机遇加上敏而好学的天性，让李兴钢自我发现的寻路之旅并不太过漫长。

贰·平芜尽处是春山

2004 年开始的两件设计作品——“复兴路乙 59-1 号改造”和“建川文革镜鉴博物馆暨汶川地震纪念馆”，令李兴钢原本发展脉络清晰的“折衷现代”建筑工作轨迹，产生了引人注目的偏转。

对李兴钢个人而言，2002 年 12 月，代表中国建筑设计研究院与赫尔佐格和德梅隆设计团队一起参加国家体育场设计竞赛，以及方案中标后担任“鸟巢”中方总建筑师的经历堪称一次重大的历史性机遇。他从这一经历中获得的远不只是主持超大型工程的丰富经验，更重要的是以此为契机，在与外方建筑师团队交流合作的过程中揣摩反思，大幅拓宽了其建筑思考象限并丰富了自己的价值观念体系。

“复兴路乙 59-1 号改造”充分展现出这种思维拓展与价值重建的成果：该设计很明显借鉴了赫尔佐格和德梅隆特别擅长的建筑表皮叙事策略，从外观形式上不难发现他们 2003 年刚刚竣工的东京 Prada 旗舰店结构化表皮的影响。如果仅仅关注于李兴钢在这一建筑表皮处理上的大胆尝试，这次设计无非是一场称得上成功的仿制实验，但从其后的创作发展脉络看来，这一方案的意义远不仅限于建筑表皮的建构探索，它对于李兴钢的建筑创作道路着实具有转折性的地标意义：破天荒第一次，李兴钢允许自己的设计中出现不清晰的暧昧秩序（表皮叙事与空间叙事的无主次并置）、不确定的自由形态（幕墙系统的形体与分割）、不统一的矛盾处理（旧建筑结构与新表皮之间的差异状态），以及超越功能模块约束的空间表演（立体画廊和消防梯共同构成的戏剧性空间）。回溯李兴钢二十余年的建筑创作道路，“复兴路乙 59-1 号改造”是一个恰在中途的分水岭，正是这一设计中诸多“背叛”

其一贯坚持的“折衷现代”原则的“异端”操作，标志着李兴钢作品的一次关键性特质突变，自此，复杂性成为他持续思考和探索的重要建筑命题。

与复杂性的“遭遇”，同样表现在“建川文革镜鉴博物馆暨汶川地震纪念馆”设计当中。或许是受建川博物馆群的总规划师张永和的影响，李兴钢在这个方案中不再延续自己早已驾轻就熟的纯净统一、简洁清晰的折衷现代手法，转而探讨起多种材料并置杂糅且工法多变的表皮建构（清水混凝土、砌法丰富的红青两色页岩砖、透明“钢板玻璃砖”、铝板隔扇门和支摘窗等多种表皮材料与肌理做法），以及虽然对位清晰但却同时充斥微妙错动偏折与内向多样性的复杂空间体系。2008 年汶川地震后突然增设的地震纪念馆功能内容，更是大大提升了这幢建筑的复杂度。这一设计在建筑复杂性上的大幅跃升与不断叠加，甚至令设计者本人都颇感难以适应：“我的设计里面经常有一种让我有些苦恼的特征，就是复杂性。我在一个设计开始的时候总是希望做得简单些，轻松些，但最后的结果总是很复杂，几乎就像失控一样……。”

对建筑复杂性的玩味以及与复杂性纠缠过程中迹近“失控”的体验，让李兴钢喜忧参半：一方面，复杂性领域所蕴含的那份与生命同构的生机与诗意令人着迷，这显然突破了“折衷现代”把空间视为单纯功能载体的认识局限，并丰富了“折衷现代”因执着于简单清晰的秩序结构而造成的形式上的千篇一律与枯燥乏味；另一方面，复杂性系统所演绎的暧昧与不确定性却溢出了李兴钢所熟习的既往范式的处理能力，更挑战其“折衷现代”建筑价值观中源自布杂基因的对建筑“全方位控制”的长期信仰。对于自己贸然闯入的这一既迷人又危险的复杂性设计领域，李兴钢仿若一位准备不足的探险者。如何凭借自己既有的思想资源和技术手段，去驾驭建筑的复杂性而不是被复杂性所驱策，成为此后多年李兴钢设计工作中长期探讨的一条主线。

叁・三生石上旧精魂

自文丘里旗帜鲜明地将复杂性纳入现代建筑的问题范畴之后，洞开的建筑复杂性世界吸引了越来越多的建筑师探索其中，其组织规律和生成法则也不断被解析精研并创造翻新。特别是 1990 年代以来，在后现代文化、消费社会、互联网、新媒体、TMT 产业等多重力量的推动下，现代世界的组织复杂度呈全面铺展并加速提升态势；与此时代精神相顺应，对于复杂性物质和意义空间在广度及深度上的多样化开掘创新，日益成为当代建筑发展的核心命题与潮流趋势：从复杂性意义编码、复杂性内容组织、复杂性秩序建构，到复杂性技术应用、复杂性形式涌现、复杂性表皮构造、复杂性空间操作、复杂性材料表现等等，建筑复杂性领域中或极端或微妙、或冲突或和谐、或理性或感性的诸般表达演绎，成为一批国际当红建筑师抢眼的个人化风格标识。

对于初入宝山不忍释手的李兴钢来说，在复杂性的弱水三千中如何独取自己的一瓢饮或许早有定数。事实上，建筑师头脑中的元建筑体系是一个来源多样、相互杂交、迭代遗传，并持续演化的生态系统，其中任何一次新生命的出现，都不可能完全脱离开生态系统内原有物种的基因而凭空创造。如果深入追踪李兴钢建筑思想资源中自学生时代起就先入为主的“折衷现代”的母体基因，可以发现他后来在复杂性建筑领域内个人化的选择取舍不仅其来有自，甚至其未来大致的发展方向与操作路径也已被提前预设。

追根溯源，所谓“折衷现代”的折衷纽带，其实正是布扎体系和早期现代建筑体系在“理性控制”上的一致性共识。对于建筑组织的理性控制，体现在建筑设计中规则理性、方法理性和形式理性三方面的逻辑自洽与秩序贯穿，并分别对应于设计的目标、过程、结果三个阶段的操作流程和形式表达。事实上，无论是终结古典建筑时代的布扎体系，还是貌似激进开创的现代建筑体系，两者对于设计过程的理性组织实则具有深层一致性——首先，都以少数而明确的理性目标原则，保证所得到的设计成果落在收敛性的形式象限之中，这奠定了归类认同的形式基础；其次，都经由可理性推导与阐释的简化操作步骤，尽可能涤除建筑中难以被理解的认知线索，包括感性化、偶然性和非确定的形式演绎，确保设计被组织在一个理性化的整体秩序之内；第三，在建筑的形式结果上，虽然看似南辕北辙，但布扎体系和现代主义体系所生产出的建筑形式集合都具有鲜明的理性控制特征：清晰、自洽、确定、可基于理性原则和因果逻辑进行推导和阐释。因此，“折衷现代”的所谓折衷，其实是一种基于“理性控制”的调和中庸——剔除极端化理性操作和原教旨形式固守，而保留澄明的理性原则、理性操作、与理性形式特征的一种综合、简明的理性秩序建构。

以“折衷现代”为基础的元建筑思想体系，决定了李兴钢对建筑复杂性领域的认识、选择与操作态度：尽管复杂性造物逸出了“折衷现代”的问题范畴，但仍然需要被纳入一个理性秩序框架去着意经营而非放任其失去控制；参照“折衷现代”在规则、方法和形式三方面的理性诉求，李兴钢所心仪的建筑复杂性表现也具有与前者相一致的“中庸、可控、自洽”这三个鲜明特征。

“中庸复杂性”，就是远离极端化的复杂性推演，而追求能将建筑组织逻辑清晰表达出来的、中等复杂程度的空间物质构造；“可控复杂性”，强调贯彻自上而下一元化的组织秩序，并确保这种理性秩序落实在每一个操作环节之中，反对多重秩序叠合、偶然性偏离，以及类似参数化设计中常见的、经由自组织处理而“涌现”的难以追踪因果关联的复杂性形态；“自洽复杂性”，寻求建筑处于一种构成有序、整体和谐、层级分明的平顺状态，避免建筑内部组织逻辑的自我矛盾以及异质要素或不同线索间的激烈冲突。

依据“中庸、可控、自洽”这三大基本原则，李兴钢成功地在建筑复杂性的广袤象限中，界定出一片可与“折衷现代”相对接的理性领地；这一领地，是对“折衷现代”传统问题域的大幅拓展。秉承“空间组合论”的理性折衷精神，李兴钢通过将“折衷现代”与建筑复杂性问题域的再度折衷融合，逐步建立起一套既富含传统基因，又与时代精神兼容，并颇具个人辨识度的建筑形式操作体系。这个“升级”后“复杂版”的折衷现代建筑形式体系，或许可以被命名为“新现代折衷风格”。

肆·青山见我应如是

在李兴钢作品中，于2006年设计的威海“Hiland·名座”并不算一个太引人注目的方案；然而对比上文提到的他在2004年的两个作品，却可以明显看出建筑师在这一设计中，已经开始有意识地探索用相对简化统一的理性秩序手段来处理建筑的复杂性问题：延续“建川文革镜鉴博物馆暨汶川地震纪念馆”的内置复杂性空间追求，李兴钢在这个设计中用一个促进自然通风的“风径”，来提升这座功能单一的办公建筑的组织复杂度；但与前者在空间、功能、形式、材料等多重秩序上的并置与交织相区别，“Hiland·名座”却仅用一个材质单纯且复杂度有限的空间系统来统领全局；在建筑外表皮处理上，也一反“复兴路乙59-1号改造”中曾展现出的形态与材质的迷乱表演，而是通过有序错杂的形式单元排布，缀以与“风径”形成功能对位的外墙旋转门，来达到“以简入繁”并“繁中见简”的理性控制效果。自此，“中庸复杂性”成为李兴钢作品通约的复杂度设定。

2007年北京大声艺术展上，展出了李兴钢团队的艺术作品“乐高一号”，这个作品用纯白色的标准乐高组件，拼插起一个与太湖石形态仿似的1.2 m高的独峰假山。“乐高一号”以及2008年3月完成的形态更为丰富多变的多峰假山“乐高二号”，促使李兴钢进一步思考用单元模块进行复杂形态组织的可能性。2008年5月第11届威尼斯国际建筑双年展中国馆室外展场上搭建的“纸砖房”，可以视为“乐高系列”向建筑表达转化的一种尝试：单元简单、结构清晰而组织复杂。这一尝试在2008年11月开始的“北京地铁昌平线西二旗站”设计中被发展得更为成熟——将功能空间的简单宏大叙事转化为形态模组的复杂集合叙事。

2009年2月开始的唐山“第三空间”设计，标志着李兴钢用单元集合方法进行复杂性建筑组织的能力上升到一个新的高度：源于严苛日照分析结果的建筑形体布局以及规则清晰的功能单元咬接，为整幢建筑奠定了一个因果关系明确的理性空间结构，而东南主立面上密集出挑、尺度和方向看似随意多变实则排布有序的室外亭台，则令整体设计恰到好处地达到了“简而不僵、繁而不乱”的平衡点。小尺度模组化的集合叙事手段，让李兴钢找到了一条行之有效的对大尺度空间进行“可控复杂性”组织的路径。此后无论是面积逾 13 万 m^2 的“海南国际会展中心”，还是占地超过 230 亩的“西柏坡华润希望小镇”设计，李兴钢都应用模组化的集合叙事法对空间复杂性展开控制性铺陈。

2009 年，对于恰逢四十岁的李兴钢而言是一个意义非比寻常的年份，这一年中，他通过唐山“第三空间”、“海南国际会展中心”以及“绩溪博物馆”等重要项目的设计，为自己五年来在建筑复杂性领域的探索做了一次集中的阶段性总结。其中，“绩溪博物馆”较之前两者在设计复杂性组织上更形高妙：尽管仍然采用模组化集合叙事策略去营造复杂性，但模组单元却由于屋顶形态的连续流变而造成边界模糊，单元本身的形态独立性开始消失，而建筑的整体流畅度却因此明显提升；在屈曲离合的经线控制下，空间和形式的理性秩序虽然依旧清晰，却因不再采用阵列化重复的简单排布规则而变得灵动圆融。唯一略显美中不足之处在于，几个庭院中垂直与水平两个维度上以抽象手法表现的“山石”和驳岸，因过于追求复杂性整体组织的自洽性与可控性，这些“山石”和驳岸仍然采用李兴钢熟习的单元化模块集合操作手法进行生成，故而与气韵生动的整体氛围相比，它们难免略带一丝滞涩拘泥之感。

从 2004 年“建川文革镜鉴博物馆”到 2009 年“绩溪博物馆”，对比相隔 5 年的两个博物馆设计，可以明显观察到李兴钢对于建筑复杂性探索的跨越历程——从组织秩序的濒临“失控”，到全方位多层次的“强控制”、从复杂性线索的断续安插到整体性的融会贯通、从表皮材料的生涩拼贴和刻意表现到“水墙”、“瓦窗”的信手拈来且举重若轻……。凭借对建筑复杂性组织越来越得心应手并驾驭自如的理性操控，以及一系列具有同类特征的成功设计作品，李兴钢在他四十之年，终于为自己初步建构起一种设计风格上的身份特质（Identity），这种特质在“绩溪博物馆”设计中表现得尤为淋漓尽致。尽管，对于李兴钢个人而言，能在如此“年轻”时分就寻找到相对稳固的个人化形式内核可谓幸运，然而在建筑史的视野中，这种个人化的风格特质远不足以让他在文明的造物版图上留下痕迹。要翻越历史那道门槛，李兴钢还需跋涉过漫长的自我超越之路。

伍·云在青天水在瓶

在迄今为止李兴钢全部的建成作品中，“元上都遗址工作站”是气质最为独特的一个。或许是出于国有大型设计院的固有文化传统和协作生产方式，李兴钢此前完成的几乎所有设计，都带有一股浓郁的“工程气息”——严谨、精确、完整、紧张。而这组仅仅 410 m^2 却花了年余时间才完成设计与建造的小建筑，在整体气质上与上述的“工程感”几乎背道而驰——随意、粗疏、残缺、松弛；

正是这些从工程角度审视近乎不可原谅的“缺陷”，却生平第一次让李兴钢的作品中充盈着一种“由建造而带来的诗性”。

细究这组小建筑的“诗性”由来，可以发现其源于设计者对自己刚刚确立不久的“折衷复杂”设计特质的一系列微妙的偏移与修正。从大原则上看，这一设计仍然符合“中庸、可控、自洽”的复杂性组织特征，然而深入探析，这组小建筑对于上述复杂性组织特征的“表现”却与以往的设计产生了明显的差异。众所周知，所谓“工程”，必须经由集体协作而完成，而集体协作则意味着一系列“目的”与“意图”的高效率表达、传递及实现。因此，所谓的“工程感”，其实正是来自于对设计意图太过直接、明确、强化的“表现力”，这种“挂相”的强化表现，直接涤荡了蕴含诗意的“弱空间”从而令诗性在建筑中无处栖身。普遍而言，惯于工程思维的建筑师所不了解的一个真相就是：诗意是一种弱的精灵，必须寄生在暧昧、自由和松弛的冗余环境中。在“元上都遗址工作站”之前，李兴钢的设计作品之所以控制有余而诗意匮乏，恰恰在于他过度强调了对于建筑复杂秩序的“表现”：从“复兴路乙 59-1 号改造”的表皮形式、“建川文革镜鉴博物馆”的材料工法、唐山“第三空间”的悬挑亭台、一直到“绩溪博物馆”的山石驳岸，越是用强化手段去为复杂性、控制性和秩序性“增加表现力”，就离工程越近，离诗意越远。

“元上都遗址工作站”设计的诗意萌发源自一系列的妙手偶得与阴差阳错：首先，从构成方式上看，这组建筑也采用了单元模组的集合手法，但大小、形态、向度各自差异的基本单元，又被切削成更具多样性的不完整形式集群，致使单元集合的复杂性叙事线索在某种程度上被“消隐”了；其次，将椭圆和圆形的基本单元分成三组进行不同角度的平面旋转，以及墙体与檐廊切线的折点选择，尽管都依从于严密的几何控制与规则操作，但由于在直观上难以感知而令这套控制体系的表现力大幅弱化；最后，原本在材质、工艺、色彩、重量感和持久性上应该形成强烈对比的混凝土与膜结构两套秩序系统，却由于工艺水平的不足而不得不在混凝土表面覆上一层白色涂料，因此产生的“去物质化”效果却令两套秩序系统和光同尘、暧昧不定。当控制性退隐、表现力弱化、清晰的复杂性秩序转为暧昧，建造的诗意就在无主的空白地带肆意地发生了。

尽管没有明确的证据证实恰是这一契机造成了李兴钢对于诗性空间意识的觉醒，但从他其后的设计与著述来看，李兴钢的建筑追求显然就此开始从清晰的形态复杂性朝暧昧的诗意复杂性转向。他于 2012 年着手进行的两个设计——“吕梁体育中心”和“玉环县博物馆 + 图书馆”，都有着与“元上都遗址工作站”相类似的诗性气质——弱复杂，暗控制，隐秩序。

2013 年 9 月，李兴钢将“胜景几何”定为自己建筑作品展的标题。值得玩味的是，在 2012 年 8

月出版的李兴钢作品集的主题自述文章《建筑的发现与呈现》一文中，李兴钢尚对自己建筑设计的目标与路径语焉不详；而仅仅一年之后，他就用言简意赅的“胜景”和“几何”概念，对之加以明确的定义。在题为《胜景几何》的文稿中，李兴钢将“胜景”定义为“体现自然性与精神性”的、“与自然紧密相关的空间诗性”的物化，而用“几何”代指“体现人工性与物质性”的、“与建筑本体相关”并“赋予建筑简明秩序”的形式组织规律。因而，“胜景”是建筑设计的目标，而“几何”则是实现“胜景”的手段——“以建筑本体营造空间诗性”。

“胜景几何”打造了一个宏大的空筐式二元概念结构，它涵纳了诸如“中国—西方、自然—人工、复杂—简单、感性—理性、文化—技术、诗意—秩序”等多重成对出现的常见概念集合，同时指出在这些概念组对之间进行折衷对接的可能性。“胜景几何”，既是李兴钢对自己既往建筑探索的一个总结，也是他对未来工作方向的一种自我期许；更重要的是，这一升华概念超越了单纯的形式范畴，而可以被持续赋予更多的文化意义与文明内容。

陆·谁看青简一编书

前文提及，李兴钢是改革开放后一代中国建筑师的典型缩影。从开始接受建筑教育的那一刻，就因时代的荒谬而被无端置放在一个断裂的历史中。尽管李兴钢明知“我是一个如此这般的中国人”，但他最初所拥有的几乎一切建筑思想资源，无论来自布扎、现代主义、抑或折衷现代体系，都与自己在母体文明中的历史身份毫无关联。操持这套舶来语言不管如何娴熟，也不管讲述本民族文化故事的心思如何热切，仍然难以真正唤起文明共同体内大多数成员的深层共鸣。无论能够把建筑形式推敲到怎样完美精致，李兴钢和他的一代建筑师同侪，由于“先天”的文化输入局限，似乎注定难以凭借这份为人作嫁甚或为虎作伥的手艺，翻越那道切实属于中华现代文明的建筑史门槛。

作为被历史“牺牲”的一代“文化弃儿”中的一员，李兴钢只能和其他同代人一样，凭着本能在时代的形式浪潮中见风使舵、载沉载浮。原本，错写的历史并不打算让这一代人担负起多少文明的责任，因为历史有的是时间，可以等待这一代人把荒唐写尽，然后被后续的世代轻松抹去。幸运的是，中华文明在这一代弃儿还算年轻的时候就已开始复苏，他们中最敏感的耳朵在惊涛骇浪中仍然听到了母体文明微弱的召唤。

不知道出于什么样的因缘际会，让李兴钢在复杂性的形式操弄中突然看见“胜景几何”这四个大字，这四字仿佛天启路标，瞬间为他指明了通向建筑史的道路。简言之，“胜景”不是西化语境下的“奇观”，而是只有中文可以表述、中国人才能深刻理解并为之共鸣、语义丰富却又不易言传的基本概念。

“胜景”既是客观的物质景象和空间构成，也是主观的内在心境与诗意幻化，更是一种文化理想以及集体认同的情感殊胜。“胜景”不在任何一个舶来的建筑语言体系或目标范畴之内，它是一条埋藏于本土的集体回忆的线索，帮助我们抽丝剥茧般重记起有关那个沉沦已久的诗意中国的点点滴滴。那个诗意中国，虽然已经距离这一代弃儿太远，但对于被唤醒的腿脚来说却还并非遥不可及。

“胜景几何”，暗示着一种在现代建筑组织中重建“中国式秩序”的可能。所谓“中国式秩序”，其实是中国传统文化价值观在空间秩序上的物化反映。“中国式秩序”，首先是“礼乐相成”——平衡集体与个人、理性与情感、规则与形式的中庸秩序；其次是“阴阳化生”——强调天与人、巨与微、强与弱、刚与柔等多元对立因素包容共生并相互转化的复杂秩序；再次是“音声协律”——在严格的文化通约和集体认同的规则框架内展开个性抒发的诗意秩序。

在某种程度上，“胜景几何”的确可被视为诗意中国之文化道统的合法性延续。如果回溯中国诗歌的发展历程，可以发现一条诗性与秩序相互建构并共同成熟的历史线索。从《礼记》中提到的为追求“礼、乐、政”合一而制的先王“雅颂”，到南北朝时期因佛经汉译而发展出的对汉字音韵法则的自觉，直至隋唐定型的格律对偶、唐末宋初勃兴的词牌音律，中国诗歌，始终强调诗意与秩序共生互成。西方人读唐诗宋词，很难体会中国人那种向规则求自由，于格律寻诗意的极为复杂高妙的诗性感受，而非在此中浸淫成长之人亦不能对此甘之如饴。在中国的诗化天地中，清晰而严格的规则秩序既是一种集体应和也是一层文化加持，这种关系，恰如李兴钢心目中“几何”之于“胜景”的关系一样。

中华文明，有着自己独特的世界观与价值法则。漫长而延绵不绝的文明历史让我们有理由相信，中华文明有着足够雄厚的资源和充沛的能量，吸纳现代性世界的精华并化为已用。在快速转型的同时，中华文明亦在同步修复自身暂时破碎的历史血脉，这种文化复苏的力量势不可挡，新的文明“胜景”已在隐约浮现。在这一历史语境下，“胜景几何”意味着李兴钢对于文明造物责任的觉醒。即便尚未萌生普遍性的范式雄心，李兴钢也至少找到了自己个人特质与文明历史特质的契合点，这为他打开了一道走进建筑史的入口。站在建筑史的门槛上，李兴钢想必已眺望到一幅诗意中国的胜景图画，至于他能否有机会为这幅图画添加峰峦，至今还无法做出肯定性的预言。

[原文发表于《城市 · 环境 · 设计》（UED），2014 年第 01 期（总 079 期）]

作者简介

周榕，清华大学建筑学院副教授、建筑评论家

附录

本书中所选项目信息列表:

项目名称：商丘博物馆
建筑设计：李兴钢 谭泽阳 付邦保 郭佳 张哲 李喆 等
结构设计：王立波 张晔 杨威
建筑面积：29 672m^2

项目名称：Hiland·名座
建筑设计：李兴钢 谭泽阳 李宁 钟鹏 肖育智 等
结构设计：尤天直 唐杰 高文军
建筑面积：26 190m^2

项目名称：元上都遗址博物馆
建筑设计：李兴钢 谭泽阳 付邦保 赵小雨
结构设计：王立波 高银鹰
建筑面积：5 701m^2

项目名称：兴涛接待展示中心
建筑设计：李兴钢 李靖 谭泽阳
结构设计：王立波
建筑面积：883m^2

项目名称：建川镜鉴博物馆暨汶川地震纪念馆
建筑设计：李兴钢 张音玄 付邦保 谭泽阳 刘爱华 闫昱 等
结构设计：王立波 余蕾
建筑面积：6 098m^2

项目名称：西柏坡华润希望小镇
建筑设计：李兴钢 谭泽阳 邱涧冰 梁旭 张一婷 马津 赵小雨 等
结构设计：毕磊 何羽 何喜明
建筑面积：53 100m^2

项目名称：“第三空间”
建筑设计：李兴钢 付邦保 孙鹏 赵小雨 谭泽阳 张一婷 等
结构设计：张付奎 孔文华
建筑面积：88 011m^2

项目名称：鸟巢文化中心
建筑设计：李兴钢 谭泽阳 张玉婷 唐勇 张司腾等
结构设计：王大庆
建筑面积：15 396m^2

建筑设计：乐高一号、乐高二号
设计团队：李兴钢 张音玄 付邦保 张哲 郭佳 李宁 邢迪
张玉婷 等
作品尺寸：400x500x1140（mm）；1800x1000x1200（mm）

项目名称：纸砖房
建筑设计：李兴钢 付邦保 李宁 孙鹏 等
作品尺寸：15x2x4（m）

项目名称：李兴钢工作室
建筑设计：李兴钢 郭佳 张玉婷 邱涧冰 谭泽阳
建筑面积：485m^2

项目名称：“聚落”卡座
建筑设计：李兴钢 张玉婷

项目名称：复兴路乙 59-1 号改造
建筑设计：李兴钢 张音玄 付邦保 谭泽阳 等
结构设计：蒋航军
建筑面积：5 402m^2

项目名称：元上都遗址工作站
建筑设计：李兴钢 邱涧冰 易灵洁 孙鹏 张玉婷 赵小雨
结构设计：高银鹰
建筑面积：410m^2

项目名称：绩溪博物馆
建筑设计：李兴钢 张音玄 张哲 邢迪 张一婷 易灵洁 等
结构设计：王立波 杨威 梁伟
建筑面积：10 003m^2

项目名称：天津大学新校区综合体育馆
建筑设计：李兴钢 张音玄 闫昱 易灵洁 梁旭
结构设计：任庆英
建筑面积：18 362m^2

李兴钢工作室成员于绩溪博物馆，2014，摄影：邱涧冰

李兴钢建筑工作室成员

李兴钢、谭泽阳、张音玄、邱涧冰、张哲、张玉婷、李喆、闫昱、梁旭、易灵洁、张司腾、姜汶林、朱伶俐、孔祥惠、刘振、邓建祥、李欢、王子昂（研究生）、夏骥（研究生）、冯方娜（研究生）

曾经成员

付邦保、李力、刘爱华、钟鹏、董煊、肖育智、郭佳、王子耕、薛从清、李宁、孙鹏、赵小雨、唐勇、邢迪、戴泽钧（研究生）、弓蒙（研究生）、朱磊（研究生）、张一婷（研究生）、马津（研究生）、钟曼琳（研究生）、王瑶（研究生）、周威（研究生）、张博（研究生）、亢晓宁（研究生）

图书在版编目（CIP）数据

静谧与喧嚣 / 李兴钢著. -- 北京 ：中国建筑工业出版社，2015.6
（王明贤主编建筑界丛书 第2辑）
ISBN 978-7-112-18303-6

Ⅰ. ①静… Ⅱ. ①李… Ⅲ. ①建筑设计－作品集－中国－现代 Ⅳ. ①TU206

中国版本图书馆CIP数据核字(2015)第164268号

责任编辑：徐明怡　徐　纺
美术编辑：姜汶林　孙苾云
图纸整理：李　欢　姜汶林
文字校对：李兴钢　姜汶林

王明贤主编建筑界丛书第二辑
静谧与喧嚣

李兴钢

*

中国建筑工业出版社出版、发行（北京海淀三里河路9号）
各地新华书店、建筑书店经销
北京利丰雅高长城印刷有限公司 制版、印刷

*

开本：787×1092毫米　1/16　印张：17¼　字数：410千字
2015年9月第一版　2017年1月第二次印刷
定价：142.00元
ISBN 978-7-112-18303-6
（27539）